建筑施工新技术与现场标准化管理

广东省建设教育协会　组织编写

U0383471

中国建筑工业出版社

图书在版编目（CIP）数据

建筑施工新技术与现场标准化管理/广东省建设教育
协会组织编写. —北京：中国建筑工业出版社，2018.1
ISBN 978-7-112-21743-4

Ⅰ.①建… Ⅱ.①广… Ⅲ.①建筑施工-高技术②
建筑工程-施工现场-施工管理-标准化管理 Ⅳ.①
TU74②TU721.2

中国版本图书馆 CIP 数据核字（2018）第 002414 号

本书分为上中下三篇。上篇为建筑施工新技术，包括地基基础工程施工新技
术、混凝土结构施工新技术、装配式混凝土建筑、外墙外保温装饰一体化施工技
术、BIM 在建筑施工中的应用；中篇为绿色施工管理，主要为工程项目绿色施工
管理实施；下篇为施工现场标准化管理，包括施工现场标准化管理概述、施工区
标准化管理、施工现场办公区标准化管理、施工现场生活区标准化管理。

本书可供建筑施工现场专业人员岗位培训使用，也可供相关技术人员参考。

责任编辑：李　明　李　杰
责任设计：李志立
责任校对：焦　乐

建筑施工新技术与现场标准化管理
广东省建设教育协会　组织编写
*
中国建筑工业出版社出版、发行（北京海淀三里河路9号）
各地新华书店、建筑书店经销
霸州市顺浩图文科技发展有限公司制版
北京京华铭诚工贸有限公司印刷
*
开本：850×1168毫米　1/32　印张：8½　字数：226千字
2018年3月第一版　2018年3月第一次印刷
定价：45.00元
ISBN 978-7-112-21743-4
（31576）

本书编委会

主　任: 阚咏梅

副主任: 陈泽攀　龚　毅　吴　迈

委　员: (按姓氏笔画为序)

　　　　刘传卿　李　洁　李文庭　李雪飞　李斌汉

　　　　佟利辉　陈晋泉　姚毅文　耿会宣　徐　宏

　　　　黄　剑　曹安民　梁微粒　赖伟民　廖东华

　　　　廖伟明　潘志强　穆占欣

前　　言

随着我国近年来建筑业的蓬勃发展，建筑施工新技术和现场标准化管理逐渐受到人们的关注。在建筑施工过程中，新技术的出现大大提高了施工效率，而现场标准化管理能够进一步保证施工的安全、准确、高效运转。面对建筑业的迅猛发展，让建筑从业人员了解学习新技术和提高现场标准化管理水平已显得迫在眉睫。

本书归纳了近年来具有推广价值的建筑施工新技术，分别针对其背景、原理、应用等作了简单介绍，有助于施工现场专业人员了解、熟悉建筑施工新技术。同时，结合建筑施工的实际和特点，介绍了施工现场标准化管理的内容，有助于进一步提升施工现场标准化管理水平，推动施工现场规范化和标准化工作进程。

本书分为上中下三篇。上篇为建筑施工新技术，包括地基基础工程施工新技术、混凝土结构施工新技术、装配式混凝土建筑、外墙外保温装饰一体化施工技术、BIM 在建筑施工中的应用；中篇为绿色施工管理，主要为工程项目绿色施工管理实施；下篇为施工现场标准化管理，包括施工现场标准化管理概述、施工区标准化管理、施工现场办公区标准化管理、施工现场生活区标准化管理。

本书编委会主任为阚咏梅，副主任为陈泽攀（广东省建设教育协会）、龚毅、吴迈（河北工业大学）。参与本书编写的人员还有：刘传卿（山东省建筑科学研究院）、李洁（中国国际工程咨询有限公司）、李文庭（韶关市建筑培训中心）、李雪飞（河北建筑工程学院土木工程学院）、李斌汉（广东建设职业技术学院）、佟利辉、陈晋泉（惠州市建筑技术职业培训中心）、姚毅文（佛山市思成建设培训中心）、耿会宣、徐宏（佛山市顺德区建设技术培训中心）、黄剑（东莞市建筑科学研究所）、曹安民、梁微粒（江门市建设培训中心）、赖伟民（广州市建设职业培训学校）廖东华（湛江市建设职业技术培训学校）、廖伟明（梅州市建设职业技能鉴定服务中心）、潘志强、穆占欣（肇庆市建设教育培训中心）。

限于时间紧张、作者水平有限，书中难免有不妥之处，敬请读者批评指正。

2017 年 11 月

目　　录

上篇　建筑施工新技术

下篇 施工现场标准化管理

13

上篇 建筑施工新技术

第1章 地基基础工程施工新技术

1.1 型钢水泥土搅拌墙（SMW工法）施工技术

1.1.1 概述

型钢水泥土搅拌墙（SMW工法）是在连续套接的三轴水泥土搅拌桩内插入型钢形成的复合挡土、截水结构，是从日本引进的技术，最早在上海环球世界大厦等工程中应用。这种支护结构具有支护性能好、造价低、环保（型钢可回收）等优点，特别适合于以黏土和粉细砂为主的松软地层，近几年在我国软土地区应用广泛，并在搅拌桩机、型钢减摩剂、型钢拔出机械和工艺等方面形成了自身特色。2010年我国颁布了行业标准《型钢水泥土搅拌墙技术规程》JGJ/T 199—2010，标志该支护技术已日趋成熟。

型钢水泥土搅拌墙由型钢和水泥土组成，两者作用明确：型钢作为挡土结构，水泥土作为截水帷幕。试验表明，当墙体变位较小时，水泥土对提高型钢水泥土搅拌墙的刚度有相当的贡献。因此，施工中应保证两者互不分离、形成整体，使型钢和水泥土两者协同工作。

SMW工法施工顺序和工艺分别如图1-1、图1-2所示。

图 1-1 SMW 工法施工顺序

1.1.2 施工设备

三轴水泥土搅拌桩施工应根据地质条件和周边环境条件、成桩深度、桩径等选用不同形式和不同功率的三轴搅拌机，与其配套的桩架性能参数应与搅拌机的成桩深度相匹配，钻杆及搅拌叶片构造应保证成桩过程中水泥和土能充分搅拌均匀。

三轴搅拌机有螺旋式和螺旋叶片两种搅拌机头，如图 1-3 所示，搅拌转速也有高低两档转速（高速挡 35～40r/min，低速挡 16r/min）。在砂性土及砂砾性土中施工时宜采用螺旋式搅拌机头，在黏性土中施工时宜采用螺旋叶片式搅拌机头。在实际工程施工中，型钢水泥土搅拌墙的施工深度取决于三轴搅拌桩机的

图 1-2 SMW 工法施工工艺

施工能力,一般情况下施工深度不超过 45m。为了保证施工安全,当搅拌深度超过 30m 时,宜采用连接钻杆的方法施工。国内常用三轴水泥土搅拌桩施工设备参见表 1-1。

为保证水泥土搅拌墙的施工质量,三轴搅拌桩机桩架及动力装置应符合以下规定:桩架应具有垂直度调整功能;桩架立柱下部搅拌轴应有定位导向装置;在搅拌深度超过 20m 时,应在搅拌轴中部位置的立柱导向架上安装移动式定位导向装置;搅拌驱动电机应具有工作电流显示功能;主卷扬机应具有无级调速功能;采用电机驱动的主卷扬机应有电机工作电流显示,采用液压驱动的主卷扬机应有油压显示。

施工中采用注浆泵注入水泥浆,与桩机配套使用的注浆泵的工作流量应可调节,其额定工作压力不宜小于 2.5MPa,并应配置计量装置。注浆泵应保证其实际流量与搅拌机的喷浆钻进下沉

螺旋式　　螺旋叶片式

图 1-3　三轴搅拌桩机构造示意

1—桩架；2—动力头；3—连接装置；4—钻杆；5—支撑架；6—钻头

或喷浆提升速度相匹配，使水泥掺量在水泥土桩中分配满足设计要求。下沉喷浆工艺的喷浆压力比提升喷浆工艺要高，在实际施工中喷浆压力大小应根据土质特性来控制，常控制在 0.8～1.0MPa。一般来说，配备具有较高工作压力的注浆泵，其故障发生相对较少，施工效率也较高。注浆泵配置计量装置的目的是控制总的水泥用量满足设计要求，为了保证搅拌桩的均匀性，操作人员应根据设计要求来调整不同深度水泥浆的泵送量。

1.1.3　施工准备

基坑工程实施前，应掌握工程的性质与用途、规模、工期、安全与环境保护要求等情况，并应结合调查得到的施工条件、地质状况及周围环境条件等因素编制施工组织设计。

国内常用三轴水泥土搅拌墙施工设备 表 1-1

	序号	型号	桩架高度(m)	成桩长度(m)
桩机	1	SPA135 柴油履带式桩机	33	25
	2	SF808 电液式履带式桩机	36	28
	3	SF558 电液式履带式桩机	30	22
	4	D36.5 步履式桩机	36.5	36
	5	DH608 步履式桩机	34.4	27.7
	6	JB180 步履式桩机	39	32
	7	JB250 步履式桩机	45	38
	8	LTZJ42.5 步履式桩机	42.5	42.5

	常用桩径(mm)	功率(kW)	型号		
三轴动力头	650	45×2＝90	ZKD-65-3 MAC-120		
		55×2＝110	MAC-150 PAS-150		
	850	75×2＝150	ZKD-85-3 MAC-200 PAS-200		
		90×2＝180	ZKD85-3A MAC-240		
		75×3＝225	ZKD85-3B		
	1000	75×3＝225	ZKD100-3		
		90×3＝270	ZKD100-3A		

	型号	流量(L/min)			
注浆泵		1	2	3	4
	BW-250	250	145	90	45
	BW-320	320	230	165	90
	BW-120	120	—		
	BW-200	200	—		

注：表中"成桩长度"是指不接加长杆时的最大施工长度。

水泥土搅拌桩施工前，应对施工场地地质条件及周围环境进行调查，调查内容应包括机械设备和材料的运输路线，施工场地，作业空间，地下、地上障碍物的状况等。施工场地主要考察机械设备的组装、解体场所，机械设备作业场所，材料堆场，材料运输通路，弃土堆场的平整度和地基承载力，如地基承载力不能满足施工要求时应进行加固。地下、地上障碍物主要考察有无地下埋设水管和今后的管线规划，有无旧水井、防空洞、旧构筑物的残余，有无架空线等。地质条件主要考察地质钻孔位置，各种土层物理力学指标（无侧限抗压强度、含水量、渗透系数等），颗粒分析，有无有机质土等特殊土。对影响水泥土搅拌桩成桩质量及施工安全的地质条件（地层构成、土性、地下水等）必须详细调查。周围环境主要考察距工程位置最近点的距离、结构与基础情况，构筑物的深度和位置，构筑物材质状况，有无对振动有敏感的精密仪器和设备等。

　　水泥土搅拌桩施工前，应按照搅拌桩桩位布置图进行测量放线并复核验收。根据型钢水泥土搅拌墙的轴线开挖导向沟，应在沟槽边设置搅拌桩定位型钢，并应在定位型钢上标出搅拌桩和型钢插入位置。定位型钢设置应牢固，搅拌桩位置和型钢插入位置标识要清晰。导向沟开挖和定位型钢设置见图1-4、表1-2。

图 1-4　导向沟开挖和定位型钢设置参考
1—上定位型钢；2—下定位型钢

　　若采用现浇的钢筋混凝土导墙，导墙宜坐落于密实的土层上，并高出地面 100mm，导墙宽度方向净距应比水泥土搅拌桩设计直径宽 40～60mm。

6

搅拌桩直径与各参数关系参考表　　　　表 1-2

搅拌桩直径(mm)	导向沟深度 h (m)	导向沟宽度 l (m)	上定位型钢		下定位型钢	
			规格	长度(m)	规格	长度(m)
650	1~1.5	1.0	H300×300	8~12	H200×200	2.5
850	1~1.5	1.2	H350×350	8~12	H200×200	2.5
1000	1~1.5	1.4	H400×400	8~12	H200×200	2.5

在正式施工前，搅拌桩机和供浆系统应预先组装、调试，在试运转正常后方可开始水泥土搅拌桩施工，并应按施工组织设计中的水泥浆液配合比与水泥土搅拌桩成墙工艺进行试成桩，目的是确定不同地质条件下适合的成桩工艺，确保工程质量。通过成桩试验应确定或测定以下内容或指标：确定搅拌下沉和提升速度、水泥浆液水灰比、注浆泵工作流量等工艺参数及成桩工艺，测定水泥浆从输送管到达搅拌机喷浆口的时间。当地下水有侵蚀性时，还可通过成桩试验选用合适的水泥。

1.1.4 水泥土搅拌桩施工

水泥土搅拌桩施工时桩机应就位对中，平面允许偏差应为 ±20mm。为了保证搅拌桩的垂直度，立柱导向架的垂直度不应大于 1/250。

对于相同性能的三轴搅拌机，降低下沉或提升速度能增加水泥土的搅拌次数并提高水泥土的强度，但延长了施工时间，会降低施工功效。因此，在实际操作过程中，应根据不同的土性来确定适宜的搅拌下沉与提升速度。一般情况下，搅拌下沉速度宜控制在 0.5~1m/min，提升速度宜控制在 1~2m/min，并保持匀速下沉或提升。提升时不应在孔内产生负压造成周边土体的过大扰动，搅拌次数和搅拌时间应能保证水泥土搅拌桩的成桩质量。

根据不同的土质条件，三轴搅拌桩施工顺序一般有跳打方式、单侧挤压方式和先行钻孔套打方式等。

1. 跳打方式

该方式适用于标贯击数 N 小于 30 的土层，是常用的施工顺序（图 1-5）。具体施工顺序是依次施工第一单元和第二单元，然后施工第三单元时使 A 轴和 C 轴分别插入到第一单元的 C 轴及第二单元的 A 轴孔中，实现相邻单元的重叠与咬合。依此类推，施工完成水泥土搅拌桩。水泥土搅拌桩应连续作业施工。当间歇时间超过水泥土终凝时间时，应加大搭接量 100mm 以上。终凝时间判断可现场试验确定。当停歇时间过长可在水泥土搅拌桩后侧紧贴补打三根水泥土搅拌桩。

图 1-5　跳打方式施工顺序

2. 单侧挤压方式

该方式适用于标贯击数 N 小于 30 的土层。受施工条件的限制，搅拌桩机无法来回行走或搅拌桩转角处常用这种施工顺序（图 1-6）。具体施工顺序是先施工第一单元，然后施工第二单元，将第二单元 A 轴插入第一单元的 C 轴中，边孔重叠施工。依此类推，施工完成水泥土搅拌桩。水泥土搅拌桩应连续作业施工。当间歇时间超过水泥土终凝时间时，应加大搭接量 100mm 以上。终凝时间判断可现场试验确定。当停歇时间过长可在水泥土搅拌桩后侧紧贴补打三根水泥土搅拌桩。

3. 先行钻孔套打方式

对于标贯击数 N 大于 30 的硬质土层，当成桩有困难时，可采用预先松动土层的先行钻孔套打方式施工。在水泥土搅拌桩施工时，用装备有大功率减速机的钻孔机，先行施工如图 1-7 所示

图 1-6 单侧挤压方式施工顺序

的 a_1、a_2、a_3 等孔,使孔内硬土层变松散。然后用三轴搅拌机用跳打或单侧挤压方式施工完成水泥土搅拌桩。搅拌桩直径与先行钻孔直径关系参见表 1-3。先行钻孔施工松动土层时,可加入膨润土等外加剂加强孔壁稳定性。

(a)

(b)

图 1-7 先行钻孔套打方式

(a)跳打方式;(b)单侧挤压方式

搅拌桩直径与先行钻孔直径关系表　　　表 1-3

搅拌桩直径(mm)	650	850	1000
先行钻孔直径(mm)	400~650	500~850	700~1000

水泥土搅拌桩施工过程中，浆液泵送量应与搅拌下沉或提升速度相匹配，以保证搅拌桩中水泥掺量的均匀性。在实际工程中，水泥土搅拌桩的质量问题突出表现在搅拌不均匀，局部区域水泥含量太少、甚至没有，导致土方开挖后发生漏水。为了保证水泥土搅拌桩中水泥掺量的均匀性与水泥土强度，施工时的注浆量与搅拌下沉、提升速度必须匹配。

搅拌机头在正常情况下应下沉和提升各一次对土体进行喷浆搅拌，对含砂量大的土层，为避免底部堆积过厚的砂层，利于型钢插入，可在底部重复喷浆搅拌，即在搅拌桩底部 2～3m 范围内上下重复喷浆搅拌一次。

水泥搅拌桩施工中注入的水泥浆液应按设计配比和拌浆机操作规定拌制，并应通过滤网倒入具有搅拌装置的贮浆桶或贮浆池，采取防止浆液离析的措施。在水泥浆液的配比中可根据实际情况加入相应的外加剂，各种外加剂的用量均宜通过配比试验及成桩试验确定。常用的外加剂包括以下几种：

（1）膨润土：加入膨润土能防止水泥浆液的离析。在易坍塌土层可防止孔壁坍塌，并能防止孔壁渗水，减少搅拌机头在硬土层的搅拌阻力。

（2）增黏剂：加入了增黏剂的水泥浆液主要用于渗透性高及易坍塌的地层中。

（3）缓凝剂：施工工期长或者芯材插入时需抑制初期强度的情况下使用缓凝剂。

（4）分散剂：分散剂能分散水泥土中的微小粒子，在黏性土地基中能提高水泥浆液与土的搅拌性能，从而提高水泥土的成桩质量；钻孔阻力较大的地基，分散剂能使水泥土的流动性变大，改善施工操作性，利于 H 型钢插入，提高清洗粘附在搅拌钻杆上水泥土的能力。但是对于均等粒度的砂性或砂砾地层，水泥浆液或水泥土的黏性很低，要注意水泥浆液发生水分流失的情况。

（5）早强剂：早强剂能提高水泥土早期强度，并且对后期强度无显著影响。其主要作用在于加快水泥水化速度，促进水泥土早期强度的发展。

三轴水泥土搅拌桩施工过程中，应严格控制水泥用量，宜采用流量计进行计量。因搁置时间过长产生初凝的浆液，应作为废浆处理，严禁使用。施工时如因故停浆，应在恢复喷浆前，将搅拌机头提升或下沉 0.5m 后再喷浆搅拌施工。水泥土搅拌桩搭接施工的间隔时间不宜大于 24h，当超过 24h 时，搭接施工时应放慢搅拌速度。若无法搭接或搭接不良，应作为冷缝记录在案，并应经设计单位认可后，在搭接处采取补救措施。若长时间停止施工，应对压浆管道及设备进行清洗。

1.1.5 型钢的插入与回收

1. 型钢的插入

型钢宜在搅拌桩施工结束后 30min 内插入，插入前应检查型钢的平整度和接头焊缝质量。型钢的插入必须采用牢固的定位导向装置（图 1-8），在插入过程中应采取措施保证型钢垂直度。

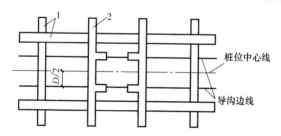

图 1-8 H 型钢定位导向装置
1—定位型钢；2—型钢定位卡

型钢宜依靠自重插入，当型钢插入有困难时可采用辅助措施下沉。如水灰比掌握适当，依靠自重型钢一般都能顺利插入。但在砂性较重的土层，搅拌桩底部易堆积较厚的砂土，宜采用静力在一定的导向机构协助下将型钢插入到位。严禁采用多次重复起吊型钢并松钩下落的插入方法。这种自由落体式下插方式不仅难以保证型钢的正确位置，还容易发生偏转，垂直度也不易确保。

型钢下插至设计深度后，在型钢顶端焊接吊筋，将吊筋固定在槽钢上，再将槽钢架置在定位型钢上，待水泥土搅拌桩达到一定硬化时间后，将吊筋及沟槽定位型钢撤除。

拟拔出回收的型钢，插入前应先在干燥条件下除锈，清除型钢表面灰尘，并在其表面涂刷减摩材料。减摩材料涂抹厚度应大于 1mm，并涂抹均匀，以确保减摩材料层的粘结质量。完成涂刷后的型钢，在搬运过程中应防止碰撞和强力擦挤。减摩材料如有脱落、开裂等现象应及时修补。

2. 型钢的回收

型钢拔除前水泥土搅拌墙与主体结构地下室外墙之间的空隙必须回填密实。在拆除支撑和腰架时应将残留在型钢表面的腰梁限位或支撑抗剪构件、电焊疤等清除干净，以保证型钢能顺利拔出。型钢起拔宜采用专用液压起拔机。

型钢拔除回收的施工要点如下：

（1）在围护结构完成使用功能后方可进场拔除。施工前应根据基坑周围的基础形式及其标高，对型钢拔出的区块和顺序进行合理划分。具体做法是：先拔较远处型钢，后拔紧靠基础部位的型钢；按先短边后长边的顺序对称拔出型钢。

（2）用振动拔桩机夹住型钢顶端进行振动，待其与搅拌桩体脱开后，边振动边向上提拔，直至型钢拔出。

（3）在现场需准备液压顶升机具，主要用于场地狭小区域或环境复杂部位型钢的拔出。

（4）型钢起拔时加力要垂直，不允许侧向撞击或倾斜拉拔。

1.2 地下工程逆作法施工技术

1.2.1 概述

深基坑支护结构和地下工程施工方法可以分成顺作法（敞开式开挖）和逆作法施工两种。敞开式开挖是传统的深基坑施工方法，由于施工速度快，在场地条件和环境保护要求较为宽松的情况下应用较多。基于多年的工程积累，顺作法施工已经有了成熟的设计方法和施工流程，并已经形成了一系列施工工法，对指导顺作法的施工起到了积极作用。但是，随着城市建设用地的不断紧缩、施工场地的限制以及基坑开挖深度增加等情况的出现，顺作法的局限性越来越突出。在有多层地下室的超深基坑施工中，采用顺作法施工地下结构的施工工期过长，往往占到总工期的 1/4～1/3，成为制约工期的主要因素。

为了解决这一问题，我国工程技术人员借鉴国外先进的施工经验，引进了逆作法施工技术。逆作法施工和顺作法施工顺序相反，在支护结构及工程桩完成后，并不是进行土方开挖，而是首先施工地下结构的顶板或者开挖一定深度先进行地下结构的顶板的施工，再开挖顶板下的土体，然后浇筑下一层的楼板，开挖下一层楼板下的土体，如此循环，一直施工至基础底板浇筑完成。

逆作法施工根据工程所处地层地质条件与围护结构的支撑方式，总体分为全逆作法和半逆作法两大类。全逆作法是地下结构按照从上至下的工序施工的同时进行上部结构施工，如图 1-9 所示。上部结构施工层数则根据桩基的布置和承载力、地下结构状况、上部建筑荷载等确定。

半逆作法（图 1-10）的地下结构与全逆作法相同，按从上至下的工序逐层施工；与全逆作法的不同之处是待地下结构完成后再施工上部主体结构。在软土地区因桩的承载力较小，往往采用这种施工方法。

与顺作法施工相比，逆作法施工具有显著的社会效益，表现在以下两个方面：一是以主体结构作为支撑，水平结构的刚度大，又没有换撑工况，因此基坑变形较小，有利于环境保护；二是无须设置和拆除支撑，可大大减少材料和劳动力的资源消耗，降低能耗，避免拆除混凝土支撑带来的污染，符合我国节能、降耗和环保的绿色施工的要求。此外，采用全逆作法还可实现上下同步施工，可不同程度地缩短工期，并由于其首层梁板（图1-9、

图 1-10）可较早形成，使施工现场布置更加方便。

图 1-9　全逆作法示意　　　图 1-10　半逆作法示意

　　逆作法施工围护结构（墙）可采用地下连续墙、灌注桩排桩、型钢水泥土搅拌墙、咬合桩等，其施工工艺及技术要求可参考相关技术标准及文献。本节主要介绍逆作法施工中竖向支承桩柱、地下水平结构、地下竖向结构及土方开挖等施工工艺。

1.2.2　施工准备

　　对于逆作法的施工，整个施工过程中，各施工工况直接影响着工程结构的受力状态。所以，施工单位和设计单位应该密切配合，在施工方案确定前对结构设计、工程施工等各方面进行综合讨论，确保设计施工一体化，从而达到保证质量、缩短工期、节约成本、确保安全和保护环境等目的。

　　逆作法施工技术主要包括围护结构（墙）施工、竖向支承桩柱施工、地下水平结构施工、地下竖向结构施工以及基坑开挖和基坑降水等。工程施工前应根据设计文件及国家现行有关标准规定编制施工组织设计，基坑施工组织设计应包括以下主要内容：

　　（1）围护结构施工方案；

　　（2）竖向支承桩柱施工方案；

　　（3）水平、竖向结构施工方案；

（4）降水、土方开挖方案；

（5）施工安全与作业环境控制、文明、环保技术方案；

（6）监测方案；

（7）应急预案等。

1.2.3 竖向支承桩柱施工

逆作法施工时的临时竖向支承系统一般采用钢立柱插入底板以下立柱桩的形式，钢立柱通常为角钢格构柱、钢管混凝土柱或H型钢柱；立柱桩可以采用灌注桩或钢管桩等形式。在逆作法工程中，中间支承柱在施工中承受上部结构和施工荷载等垂直荷载，而在施工结束后，中间支承柱又一般外包混凝土后作为正式地下室结构柱的一部分，承受上部结构荷载，所以中间支承柱的定位和垂直度必须严格满足要求。中间支承柱的轴线偏差、标高偏差、垂直度偏差应控制在规范规定限值之内。

竖向支承柱一般在工厂焊接制作。由于运输条件的制约，通常支承柱长度超过 16m 时采取分节制作，运到施工现场组装，组装方法可采用地面水平拼接和孔口竖向拼接两种。水平拼接由于操作方便，相对竖向拼接质量更能保证。水平拼接施工时需要足够的场地，要求场地平整，并宜设置制作平台，在平台上设置固定用的夹具，每节至少配置两个固定点，确保拼接精度。

综合考虑支承柱类型、施工机械设备及垂直度要求等因素，竖向支承柱插入支承桩方式可采用先插法或后插法。竖向支承柱采用先插法施工时应满足下列要求：

（1）先插法的竖向支承柱定位偏差不应大于 10mm；

（2）竖向支承柱安插到位，调垂至设计垂直度控制要求后，应采取措施在孔口固定牢靠；

（3）用于固定导管的混凝土浇筑架宜与调垂架分开，导管应居中放置，并控制混凝土的浇筑速度，确保混凝土均匀上升；

（4）竖向支承柱内的混凝土应与桩的混凝土连续浇筑完成；

（5）竖向支承柱内混凝土与桩身混凝土采用不同强度等级

时，施工时应控制其交界面处于低强度等级混凝土一侧。交界面位置一般低于竖向支承柱底部2~3m。竖向支承柱外可以采取包裹土工布或塑料布等措施，以减少凿除外包混凝土工作量。

后插法是近年来流行并开始广泛应用的一种逆作法竖向支承柱施工工法，相对于先插法，后插法中竖向支承柱是在竖向支承桩混凝土浇筑完毕及初凝之前采用专用设备进行插入，该施工方法具有施工精度更高、竖向支承柱内充填混凝土质量更能保证等显著优势。竖向支承柱采用后插法施工时应满足下列要求：

(1) 后插法的竖向支承柱定位偏差不应大于10mm；

(2) 混凝土宜采用缓凝混凝土，应具有良好的流动性，缓凝时间应根据施工操作流程综合确定，且初凝时间不宜小于36h，粗骨料宜采用5~25mm连续级配的碎石；

(3) 应根据施工条件选择合适的插放装置和定位调垂架；

(4) 应控制竖向支承柱起吊时变形和挠曲，插放过程中应及时调垂，满足设计垂直度要求；

(5) 钢格构柱、H型钢柱的横截面中心线方向应与该位置结构柱网方向一致，钢管柱底部需加工成锥台形，锥形中心应与钢管柱中心对应；

(6) 插入竖向支承柱后应在柱四周均匀回填砂石。

无论采用先插法或后插法施工，竖向支承柱吊放应采用专用吊具，起吊变形应满足垂直度偏差控制要求。

为保证竖向支承柱定位准确、垂直度满足设计要求，竖向支承柱插入施工过程中必须采用专门的定位调垂设备对其进行定位和调垂。目前，立柱的调垂方法主要有气囊法、机械调垂法和导向套筒法三大类。

1. 气囊法

角钢格构柱一般采用气囊法进行纠正。在格构柱上端X和Y方向上分别安装一个传感器，并在下端四边外侧各安放一个气囊（图1-11），气囊随格构柱一起下放到钻孔中，并固定于受力较好的土层中。每个气囊通过进气管与控制电脑相连，传感器的终端同样与电脑相连，形成监测和调垂全过程智能化施工的监控体系。系统运行时，首先由垂直传感器将格构柱的偏斜信息送给电脑，由电脑程序进行分析，然后通过指令打开倾斜方向的气囊进行充气，由此推动格构柱下部纠偏，当格构柱达到规定的垂直度范围后，即指令关闭气阀停止充气，同时停止推动格构柱。格构柱两个方向的垂直度调整可同时进行控制。待混凝土灌注至离气囊下方 1m 左右时，即可拆除气囊，并继续灌注混凝土至设计标高。

图 1-11 气囊平面布置图

2. 机械调垂法

机械调垂系统主要由测斜传感器、校正架、调节螺栓等组成，如图 1-12 所示。在钢立柱上端 X 和 Y 两个方向上分别安装一个传感器。钢立柱固定在校正架上，钢立柱上设置两组调节螺栓，每组共 4 个，两两对称，两组调节螺栓有一定的高差，以便形成扭矩。测斜传感器和上下调节螺栓在立柱两对边各设置一组。若钢立柱下端向 X 正方向偏移，X 方向的两个上调节螺栓一

图 1-12 机械调垂法示意

松一紧，使钢立柱绕下调节螺栓旋转，当钢立柱达到规定的垂直度范围后，停止调节螺栓。同理 Y 方向的偏差可通过 Y 方向的调节螺栓进行调节。

3. 导向套筒法

导向套筒法是把校正钢立柱转化为导向套筒。导向套筒的调垂可采用气囊法或机械调垂法。待导向套筒调垂结束并固定后，从导向套筒中间插入钢立柱，导向套筒内设置滑轮以利于钢立柱的插入，然后浇筑立柱桩混凝土，直至混凝土能固定钢立柱后拔出导向套筒。

4. 三种方法的适用性和局限性

气囊法适用于各种类型钢立柱（宽翼缘 H 型钢、钢管、格构柱等）的调垂，且调垂效果好，有利于控制钢立柱的垂直度。但气囊有一定的行程，若钢立柱与孔壁间距离过大，钢立柱就无法调垂至设计要求，因此成孔时孔垂直度控制在 1/200 内，钢立柱的垂直度才能达到 1/300 的要求。由于采用帆布气囊，实际使用中常被钩破而无法使用，气囊亦经常被埋入混凝土中而难以回收。机械调垂法是几种调垂方法中最经济实用的，但只能用于刚度较大的钢立柱（钢管柱等）的调垂，若用于刚度较小的钢立柱（格构柱等），在上部施加扭矩时易导致钢立柱弯曲变形过大，不利于钢立柱的调垂。导向套筒法适用于各种钢立柱的调垂（宽翼缘 H 型钢、钢管、格构柱等），由于套筒比钢立柱短，调垂较易，调垂效果较好，但由于导向套筒在钢立柱外，势必使孔径变大。

竖向支承桩柱混凝土浇筑完成后，应待混凝土终凝后方可移走调垂固定装置，并应在孔口位置对支承柱采取固定保护措施。可通过在硬地坪中预埋埋件，在桩孔孔口位置设置型钢来临时固定支承柱。钢管混凝土柱施工完成后应采用超声波透射法对支承柱进行质量检测，检测数量不应小于支承柱总数的 20%，必要时应采用钻孔取芯方法对支承柱混凝土质量进行进一步检测；基坑开挖后，支承柱应全数采用敲击法检测质量。

1.2.4 结构施工

1. 概述

基坑工程采用逆作法施工时，与顺作法的主要区别在于水平和竖向构件的施工顺序以及地下室的结构节点形式。根据逆作法的施工特点，地下室结构是由上往下分层浇筑的。一般将地下室结构分为先行施工结构及后续施工结构两部分，先行施工结构主要为水平构件，后续施工结构主要为竖向构件。

一般逆作施工流程如图 1-13 所示。先行施工的水平结构在每一次土方开挖后开始施工，水平结构完成并达到设计强度后再进行下面的挖土工程，最后施工竖向结构。

2. 水平结构施工要点

先施工结构主要为水平结构，但柱、梁以及墙、梁等节点部位的施工一般也与水平结构同步施工完成。水平结构施工前应事先考虑好后续结构施工方法，针对后续结构施工可在水平结构上设置浇捣孔，浇捣孔可采用预埋 PVC 管（图 1-14），首层结构楼板等有防水要求的结构需采用止水钢板等防水措施（图 1-15）。

柱、梁及墙、梁等节点部位应竖直向下施工 500～1000mm，并留设水平施工缝。水平施工缝的留设应考虑后续结构施工的要求，宜设置成 15°～20°的斜缝。柱的水平缝宜在四个方向均设置为斜缝，形成锅底形状（倒八字形），以保证后期混凝土的浇捣并排除混凝土内部气泡。外墙宜设置内高外低的斜缝，同时设置相应的止水钢板用以防水。

水平结构施工前应预先会同设计方确定各类临时开口（出土口、各种施工预留口和降水井口）的位置和大小，临时开口大小应考虑设备作业需求确定，并由设计方进行受力复核。水平结构施工前应做好相应的施工组织工作，明确施工分区、机械设备的停放等。水平结构临时洞口施工时，可采取预留钢筋接头等形式，并应对预留钢筋采取必要的保护措施，避免挖土过程中造成预留钢筋的损坏。

图 1-13 一般逆作施工流程图

(a) 施工顶板；(b) 向下开挖；(c) 逐层向下施工水平
构件并向下逐层开挖；(d) 施工竖向构件

3. 模板施工

先施工结构主要为水平结构，模板工程主要以梁、板为主要对象。水平结构模板形式一般可采取土模（地面直接施工）、钢管排架支撑模板、无排架吊模等三种形式。模板形式的选择应遵循以下原则：模板工程应尽量减少临时排架和材料的使用量；模板工程应考虑模板拆除时的作业需求；模板工程应考虑支架应具有足够的承载力以可靠地承受浇筑混凝土的自重侧压力以及施工

图 1-14 主梁节点浇捣预留孔
（a）浇捣孔的平面布置；（b）1-1 剖面

荷载。

（1）利用土模浇筑梁板

对于地面梁板或地下各层梁板，挖至其设计标高后，将土面整平夯实，浇筑一层 50～100mm 厚的素混凝土（土质较好时亦可抹一层砂浆），然后刷一层隔离层，即成楼板模板。对于基础梁模板，如土质好可直接采用土胎模，按梁断面挖出沟槽即可，如土质较差可用模板搭设梁模板。

图 1-15 外墙的施工缝止水钢板

逆作法的柱子节点处，宜在楼面梁板施工的同时，向下施工约 500mm 高度的柱子，以利于下部柱子逆作时的混凝土浇筑（图 1-16）。因此，施工时可先把柱子处的土挖至梁底以下约 500mm 的深度，设置柱子底部模板，为使下部柱子易于浇筑，该模板宜呈斜面安装，柱子钢筋通穿模板向下伸出接头长度，在施工缝模板上面组立柱子侧面模板与梁板连接。如土质好柱子也可用土胎模，否则就用模板搭设。

（2）采用钢管排架支撑模板浇筑梁板

用钢管排架支撑模板施工时，先挖去地下结构一层高的土

图 1-16　柱子模板与施工缝

层，然后按常规方法搭设梁板模板，浇筑梁板混凝土，竖向结构（柱或墙板）同时向下延伸一定高度。为此，需解决两个问题，一个是设法减少梁板支撑的沉降，减小结构的变形；另一个是解决竖向构件的上、下连接和混凝土浇筑。

为了减小楼板支撑的沉降引起的结构变形，施工时需对支撑下的土层采取措施进行临时加固。加固的方法一般是浇筑一层素混凝土垫层，以减少沉降。待梁、板浇筑完毕，开挖下层土方时垫层随土一同挖去，这种方法要额外耗费一些混凝土。另一种加固的方法是铺设砂垫层，上铺枕木以扩大支承面积，这样上层柱子或墙板的钢筋可插入砂垫层，以便与下层后浇筑结构的钢筋连接。这种支撑体系与常规的施工方法类似，例如：梁、平台板采用木模，排架采用 $\phi 48$ 钢管。柱、剪力墙、楼梯模板亦可采用木模。

盆式开挖是逆作法常用的挖土方法，当采用盆式开挖时，模板排架可以周转循环使用。在盆式开挖区域，各层水平楼板施工时排架立杆在挖土"盆顶"和"盆底"均采用通长钢管。挖土边坡应做成台阶式，便于排架立杆搭设在台阶上。台阶宽度宜大于1000mm，上下级台阶高差 300mm 左右。台阶上的立杆为两根钢管搭接，搭接长度不宜小于 1000mm。排架每沿 1500mm 高度设置一道纵向水平杆，离地 200mm 设置扫地杆。排架每隔 4 排立杆设置一道纵向剪刀撑，由底至顶连续设置，如图 1-17 所示。

图 1-17　盆式开挖的排架模板支撑示意

水平构件施工的同时应将竖向构件在板面和板底预留插筋，在下部的竖向构件施工时进行连接。逆作法下部的竖向构件施工时混凝土的浇筑方法是从顶部的侧面入仓，为便于浇筑和保证连接处的密实性，除对竖向钢筋间距适当调整外，下部竖向构件顶部的浇筑口模板需做成倒八字形（图 1-18）。

图 1-18　下部墙、柱浇筑的模板

由于上、下层构件的结合面在上层构件的底部，再加上地面沉降和新浇筑混凝土的收缩，在结合面处易出现缝隙。为此，宜在结合面处的模板上预留若干注浆孔，以便用压力灌浆消除缝隙，保证构件连接处的密实性。

（3）无排架吊模施工方法

采用无排架吊模施工工艺时，挖土深度与利用土模施工法基本相同。地面梁板或地下各层梁板挖至其设计标高后，将土面整平夯实，浇筑一层厚约 50mm 的素混凝土（土质较好时也可抹一层砂浆垫层），然后在垫层上铺设模板，模板预留吊筋（如用对拉螺栓外套 PVC 管），在下一层土方开挖时用于固定模板。无排架吊模施工工艺示意见图 1-19。

图 1-19　无排架吊模施工示意

4. 钢筋工程

逆作法施工中应对先施工结构的预留钢筋采取有效的保护措施，避免因挖土造成钢筋破坏。施工预留钢筋宜采用直螺纹接头。梁柱节点处，梁钢筋穿过临时立柱时，应考虑按施工阶段受力状况配置钢筋，框架梁钢筋宜通长布置并锚入支座，受力钢筋严禁在钢格构柱处直接切断，确保钢筋的锚固长度。梁板结构与柱的节点位置也应预留钢筋。柱预留插筋上下均应留设且要错开。

上、下结构层柱、墙的预留插筋的平面位置要对应。柱插筋宜通过梁板施工时模板的留孔以控制插筋位置的准确性。

5. 逆作竖向结构施工

后施工结构一般为竖向结构，少量为预留洞口的水平楼板等。后施工结构的主筋与先施工结构的预留钢筋连接可采用焊接、直螺纹等接头形式，板底钢筋可采用电焊连接。

"一柱一桩"格构柱混凝土以及部分剪力墙采用逆作施工工艺，应分两次支模，第一次支模高度为柱的高度减去预留柱帽的高度，主要为方便格构柱振捣混凝土；第二次支模到顶，顶部形成八字形柱帽的形式（图1-20）。对剪力墙，顶部也形成类似的柱帽的形式（图1-21），当柱、墙的下部没有向下延伸时，需在楼板上设置混凝土浇筑孔，以便下部柱子的混凝土浇筑。

图1-20 逆作立柱模板支撑示意

6. 施工缝处理

逆作法施工时，由于施工顺序及工艺要求，竖向结构的上部一般都会设置水平施工缝，这条施工缝往往难以浇捣密实，目前国内外常用的方法有三种，即直接法、充填法和注浆法（图1-22）。

直接法即在施工缝下部继续浇筑混凝土时，采用相同强度等

图 1-21 逆作内衬墙模板支撑

图 1-22 竖向结构上、下混凝土连接
(a) 直接法；(b) 充填法；(c) 注浆法

级的混凝土，有时添加铝粉以减少收缩。为浇筑密实可设置牛腿
模板，"假牛腿"的混凝土在硬化后可凿去。充填法即在施工缝
处留出充填接缝，待下部混凝土浇筑后进行施工缝界面处理，再
于接缝处充填膨胀混凝土或无浮浆混凝土。注浆法即在施工缝处
留出缝隙，待下部后浇混凝土硬化后用压力压入水泥浆充填。

在上述三种方法中，直接法施工最简单，成本亦最低。施工时可对接缝处混凝土进行二次振捣，以进一步排除混凝土中的气泡，确保混凝土密实并减少收缩。

1.2.5 挖土施工

逆作法施工中开挖土方最初以"小型取土口、取土架和抓斗挖土"的方式为主，之后以长臂反（抓）铲挖土，大大提高了作业效率。目前，小型取土口改进为"大开孔率、多挖土孔"的方法，甚至采用逆作挖土期间楼板不封闭的方法，使逆作挖土效率接近于常规顺作明挖法。

1. 取土口设置

"两墙合一"逆作法施工中，一般顶板施工阶段可采用明挖法，其余地下结构下的土方均采用暗挖法施工。为了满足结构受力以及有效传递水平力的要求，取土口面积一般在150m^{2}左右（目前已有比较成熟的经验，最大取土口的面积可达600m^{2}左右）。

取土口布置时应遵循以下几个原则：

（1）取土口的大小应满足结构受力要求，保证土压力的有效传递。

（2）取土口的水平距离应便于挖土施工，一般满足结构楼板下挖土机最多二次翻土的要求，避免多次翻土引起土体扰动。此外，在暗挖阶段，取土口的水平距离还要满足自然通风的要求。

（3）当底板采用抽条开挖时，取土口数量应满足出土要求。

（4）取土口在地下各层楼板与顶板的洞口位置应相对应。

（5）取土口布置应充分利用结构原有洞口，或主楼筒体顺作的部位。

考虑到地下自然通风有效距离一般为15m，挖土机有效半径7～8m，根据已有工程经验，取土口净距可考虑30～35m。

2. 土方开挖形式

对于土方和混凝土结构工程量较大的基坑，无论是基坑开挖还是结构施工形成支撑体系，相应工期均较长，由此会增大基坑的风险。为了有效控制基坑变形，可将基坑土方开挖和主体结构划分施工段并采取分块开挖的方法。施工段划分的原则是：

（1）按照"时空效应"，遵循"分层、分块、平衡对称、限时支撑"的原则。

（2）利用后浇带，综合考虑基坑立体施工和交叉流水的要求。

（3）必要时合理地增设结构施工缝。

遵循以上原则，在土方开挖时，可采取以下具体措施：

（1）合理划分各层分段

由于一般情况下顶板为明挖法施工，挖土速度比较快，基坑暴露时间短，故第一层顶板的土层开挖施工段可相应划分得大些；第一层以下各层板的挖土在顶板完成情况下进行的，属于逆作暗挖，挖土速度比较慢，为减少各施工段开挖的基坑暴露时间，顶板以下各层水平结构土方开挖和结构施工的分段面积应相对小些，这样可以缩短每施工段的施工时间，从而减小围护结构的变形。地下结构分段时还需考虑每施工段挖土时有对应的较为方便的出土口。

（2）盆式开挖方式

逆作区顶板施工前，通常先将土方大面积开挖至板底下约150mm的标高，然后利用土胎模进行顶板结构施工。采用土胎模施工明挖的土方量很少，顶板下大量的土方需在后期进行逆作暗挖，将大大降低挖土效率。同时由于顶板下的模板及支撑无法在挖土前进行拆除，大量模板无法实现周转而造成浪费。因此，针对大面积深基坑的开挖，考虑到基坑变形及土方开挖的效率，可采用盆式开挖的方式，周边土方保留，中间大部分土方进行明挖，一方面有利于控制基坑变形，另一方面增加明挖工作量从而提高出土效率。

（3）抽条开挖方式

一般来说底板厚度较大，逆作底板土方开挖时支撑到挖土面的净空较大，尤其在层高较大或坑边紧邻重要保护建筑或设施时，较大的净空对基坑控制变形不利。此时，可采取中心岛施工的方式，先施工基坑中部底板，待其达到一定强度后，按一定间距间隔开抽条挖边坡土方，并分条浇捣基础底板，每块底板土方开挖至混凝土浇捣完毕的施工时间，宜控制在72h以内。

（4）楼板结构的局部加强

由于顶板先于大量土方开挖施工，因此可将栈桥的设计和水平楼板结构永久结构一并考虑，并充分利用永久结构的工程桩，对楼板局部节点进行加强，兼作挖土栈桥，满足工程挖土施工的需要。

3. 土方开挖设备

暗挖作业时通风、照明条件远不如常规施工，作业环境较差，因此选择有效的施工挖土机械将大大提高效率。逆作挖土施工常采用坑内小型挖土机作业，地面采用长臂挖土机、滑臂挖土机、吊机、取土架等设备进行挖土。根据各种挖土机设备的施工性能，其挖土作业深度亦有所不同，一般长臂挖土机作业深度为7～14m，滑臂挖土机一般7～19m，吊机及取土架作业深度可达30余米。工程中可根据实际情况选用。

1.3 劲芯水泥土桩施工技术

1.3.1 概述

劲芯水泥土桩技术（Stiffened Deep Mixing Pile Method，简称 SDM 工法）是在水泥土桩基础上发展起来的一种用于加固软弱土地基的新工法，是在水泥土桩成桩后，在水泥土桩体内沉入或制作高强度、高模量的劲性芯桩形成的劲芯与水泥土共同工作、承受荷载的一种新桩型。

劲芯水泥土桩的组成与传统匀质桩型不同，是由刚性芯桩外包水泥土组成，如图 1-23 所示。芯桩强度高，对桩身抗压有利，

图 1-23 劲芯水
泥土桩简图

外包水泥土价廉，与土的接触面积大，对桩周侧阻力增加有利。桩体上部的荷载传给芯桩，芯桩通过水泥土与芯桩之间的粘结力传给水泥土，然后再传给地基土，这样从芯桩到土体通过水泥土的过渡形成了强、中、弱的渐变过程，形成一种中间强度高、四周强度低的合理的桩身结构，充分发挥了芯桩和水泥土桩体的性能，提高了承载力，降低了造价。

劲芯水泥土桩的桩身构造和施工工艺有多种形式。水泥土桩的成桩方法，除了常用的深层搅拌、粉喷和高压旋喷外，还可采用沉管灌注预拌塑性水泥土或预成孔后填入夯实干硬性水泥土的工艺。劲性芯桩可以采用混凝土、钢筋混凝土、钢管、型钢等多种材料；芯桩长度可以根据材料特性和工程需要采用短芯（图 1-24（a））、等长芯（图 1-24（b））和长芯（图 1-24（c））；沿深度方向芯桩可以采用等截面（图 1-24（b）、图 1-24（c））或变截面（图 1-24（a））；芯桩截面可以是方形、圆形、圆环形，也可以采用组合截面，如图 1-25 所示，图中阴影部分表示劲性芯桩。为了增加芯桩和水泥土之间摩阻力，还可以在芯桩侧表面增

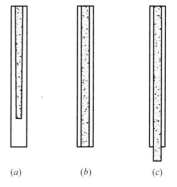

(a)   (b)   (c)

图 1-24 劲性芯桩长度示意
(a) 短芯；(b) 等长芯；(c) 长芯

加刻痕、凹凸等。目前工程上采用较多的是短芯、变截面钢筋混凝土预制芯桩。

与其他既有桩型相比，劲芯水泥土桩具有以下优点：

（1）适用范围广

图 1-25　劲性芯桩截面示意

劲芯水泥土桩是在水泥土桩基础上开发的，适用于多高层建筑工程和公路工程。只要适用水泥土桩（水泥土搅拌桩、粉喷桩、高压旋喷桩等）的地层都可以采用劲芯水泥土桩。

（2）承载力高、可调性强

劲芯水泥土桩综合了水泥土搅拌桩和预制混凝土桩的优点，使竖向荷载通过桩芯较均匀地传递给水泥土，再由水泥土利用较大的摩阻面积传递给承载力较小的软土地层，既发挥并利用了桩芯强度，又达到了提高地基承载力的目的。劲性芯桩的材料、芯桩长度可以根据工程需要灵活选择。经过合理设计，单桩承载力特征值可以达到 $500\sim2000kN$，复合地基承载力特征值可以达到 $200kPa$ 以上。

（3）施工速度快、质量稳定

劲芯水泥土桩利用了水泥土桩的施工机械和施工方法，可以在原来的水泥土搅拌桩机设备上加一套静压设备，或采用水泥土桩成桩设备和压桩设备或灌注桩设备轮流作业，即可完成成桩过程，有施工速度快、质量稳定的优点。

（4）噪声小、无污染

劲芯水泥土桩克服了打入桩的噪声和挤土问题以及钻孔灌注桩泥浆污染问题，也克服了水泥土搅拌桩搅拌不均、质量不稳定的问题，符合可持续发展的要求。

（5）经济效益显著

劲芯水泥土桩的经济性十分明显，费用较预制桩节约30％～50％，较钻孔灌注桩节约 40％～50％，有可观的社会经济效益。

劲芯水泥土桩复合地基适用于淤泥、淤泥质土、黏性土、粉土、素填土等地基。对欠固结土层、杂填土、有机质土及塑性指数较高的黏土或地下水具有腐蚀性时，应通过试验确定其适用性。

杂填土往往含有较多大块物料，使搅拌作业无法进行，生活垃圾为主的杂填土含有大量有机物，影响水泥水化反应，因此应慎用。

塑性指数较高的黏土，如 $I_p > 25$ 时，容易在搅拌头叶片上形成泥团，无法完成水泥土的拌合，因此必须进行工艺试验判定拌合的可行性，对局部高 I_p 黏土夹层应采取必要措施加强拌合（如采用正、反转重复搅拌，实施搅拌作业时加水或加粉煤灰、砂等）。

当地基土的天然含水量小于 30% 时，由于不能保证水泥充分水化，故不宜采用干法。

劲芯水泥土桩的施工包括水泥土桩施工和芯桩成桩两个主要过程。水泥土桩的形式主要有水泥搅拌桩（包括干法和湿法）及高压旋喷桩两类；芯桩主要有预制桩和灌注桩两类。目前工程上常用的劲芯水泥土桩是水泥土搅拌桩（湿法）与预制钢筋混凝土芯桩的组合。

1.3.2　施工准备

施工前应具备下列文件资料：
（1）建筑场地岩土工程勘察资料；
（2）基础平面布置图及基础底面标高；
（3）劲芯水泥土桩桩位平面布置图及技术要求；
（4）试成桩资料或工艺试验资料；
（5）施工组织设计及进度计划。

施工前应平整场地并清除地上和地下障碍物，当表层土松软时应碾压夯实。当表层杂填土含有大块物料较多时，可在施工前进行翻槽并清除大块物料，然后分层回填碾压，当地下水位较高时尚应做好排水工作。

场地整平后应测量场地整平标高，桩顶设计标高以上宜预留

0.5m 以上土层。桩位放线定位前应按幢号设置建筑物轴线定位点和水准基点，并采取妥善措施加以保护。建筑物轴线定位点和水准基点，应由上部建筑承建单位施放，并经甲方或监理验收。

根据桩位平面布置图在施工现场布置桩位，桩位放线偏差不应大于 50mm，桩位确定后应填写放线记录，经有关部门验线后方可施工。桩位点应设有不易被破坏的明显标记，并应经常复核桩位位置以减少偏差、避免漏桩。

1.3.3 施工机具

劲芯水泥土桩施工机械由水泥土搅拌桩机和压桩机械或钻孔灌注桩机等组成。有条件时应优先采用专用劲芯水泥土桩机。劲芯水泥土桩机为实施劲芯水泥土桩作业的专用机械，整机为液压步履式，可完成深层搅拌、静力压桩、振动沉管、柱锤夯扩等多种作业。

湿法施工深层搅拌水泥土桩机采用单头搅拌桩机，其配套装置为灰浆集料筒、注浆泵、水泥浆拌合机，拌浆池等。

（1）深层搅拌水泥土桩机应配置深度计量、升降速度调节和显示、垂直度指示和调整装置、转速及电流显示仪表等。

（2）灰浆集料筒和拌浆池可预先制作或在现场砌筑，其贮浆量不宜小于每根桩注浆体积的 50%，并宜在集料筒内设置反映灰浆体积的刻度或标尺。

（3）注浆泵应采用可调式灰浆泵，并应配置流量、泵压等记录装置。

压桩机可采用自行式微型静力压桩机，其设备自重及压桩力应和芯桩贯入阻力相匹配，并应配置垂直度调整和压桩力记录装置。

当芯桩采用钻孔灌注成型时，水泥土搅拌也可采用粉体喷搅法（干法），干法施工适用于干作业成孔现浇芯桩或淤泥、淤泥质土等饱和松软土层，其施工设备应符合《建筑地基处理技术规范》JGJ 79—2012 的有关规定。钻孔灌注桩机可采用振动沉管灌注桩机、长螺旋钻孔灌注桩机或机动洛阳铲成孔灌注桩机等。

1.3.4 施工工艺

1. 施工步骤

（1）搅拌桩机就位、调平；

（2）搅拌、喷浆（喷粉）；

（3）静力压入预制钢筋混凝土芯桩或制作现浇混凝土（钢筋混凝土）芯桩；

（4）移位，重复上述步骤进行下一根桩施工。

2. 水泥土桩施工

（1）深层搅拌施工（湿法）

深层搅拌施工及质量控制按现行行业标准《建筑地基处理技术规范》JGJ 79—2012水泥土搅拌法有关要求执行。根据组合桩特点尚应做好以下几点：

1）水泥浆应搅拌均匀，防止发生离析，宜用浆液比重计测定浆液配比及搅拌均匀程度，注入贮浆筒时应过滤。水泥浆宜在搅拌桩施工前1h内搅拌。

2）严格按照试成桩或工艺试验确定的有关工艺标准进行施工；施工前应对有关设备参数重新进行标定，如注浆泵单位时间输送量（m³/min）、搅拌机升降速度（m/min）等；开工前应进行施工技术交底。

3）宜采用提升喷浆，喷浆提升速度、遍数应和注浆泵单位时间输送量（m³/min）相匹配，喷浆提升速度不宜超过1.0m/min且宜采用定值；搅拌升降速度不宜大于2m/min；工作电流不应大于额定值；停浆面应高出桩顶设计标高200～300mm。

在预（复）搅下沉时，也可以采用喷浆的施工工艺，但必须确保最后一次喷浆后，桩长上下至少再重复搅拌一次。

4）芯桩底部至组合桩底应充分搅拌，必要时可增加喷浆量和搅拌次数，搅拌桩底坐浆不少于30s。

5）施工时应防止冒浆和同心钻，在塑性指数较高的黏土中施工时，宜增加搅拌次数。

6）施工中应做好施工记录，重点是每根桩水泥用量、水灰比、每延米喷浆量（喷浆遍数、时间）及搅拌深度等，喷浆量及搅拌深度必须采用经国家计量部门认证的监测仪器进行自动记录。

7）施工中应保持搅拌桩机底盘的水平和导向架的垂直，搅拌桩的垂直度偏差不应大于 1%；桩位施工偏差不应大于 50mm；成桩直径和桩长不应小于设计值。

（2）粉体喷搅法（干法）

粉体喷搅法（干法）施工应符合《建筑地基处理技术规范》JGJ 79—2012 的有关规定。

3. 芯桩施工

（1）预制钢筋混凝土芯桩制作及沉桩

1）预制钢筋混凝土芯桩制作要求及质量控制

① 预制钢筋混凝土芯桩宜在工厂制作，以保证质量和便于规模生产，目前预制钢筋混凝土芯桩已形成系列，不仅方便设计选用，也为工厂成批生产创造了条件。当施工现场有条件时也可在现场预制。芯桩施工质量应符合《建筑地基基础工程施工质量验收规范》GB 50202—2002 的有关要求。

② 预制芯桩在使用前，必须严格检查其外观质量，并检查出厂合格证。

③ 多节预制钢筋混凝土芯桩单节长度应根据设备条件、制作场地、运输装卸能力和经济指标等各项因素综合确定，单节长度不宜大于 9m。

2）沉桩施工要求

目前预制芯桩多采用静压法施工，条件允许时也可以采用锤击法施工。

① 沉桩前应将搅拌桩位附近泥浆清理干净，直至可准确地分辨出搅拌桩轮廓，经核对确认桩中心位置无误后方可沉桩。芯桩与搅拌桩中心施工偏差不应超过 20~40mm，桩长较大时取

小值。

② 静力压入混凝土芯桩时间间隔应经现场试验确定，当预制芯桩下沉困难时，也可启动振锤。沉桩间隔时间与土质，含水量，水泥浆水灰比，水泥浆掺入量，搅拌均匀程度，芯桩断面形式、尺寸及长度，以及压桩力大小等有关，因此应经现场试验确定。为减少压桩阻力，宜在水泥土搅拌桩完成后 30min 内进行；压桩过程中应连续贯入，尽量减少接桩停顿时间，振锤作为辅助下沉措施，在居民区应慎用。

③ 为确保桩身垂直度，在沉桩前应复查压桩机导向架垂直度。芯桩开始沉入水泥土后，由专人沿两个方向核对桩身垂直度，确认桩身垂直后方可继续沉桩，芯桩插入时垂直度偏差不应超过 0.5%。

芯桩桩顶标高应严格控制，施工时应逐桩进行桩顶标高测量。当桩顶标高低于设计标高时，应于开槽后用与搅拌桩直径相同的高标号细石混凝土补至设计标高；当芯桩桩顶高出设计标高小于 300mm 时，可于开槽后剔除，严禁使用大锤硬砸，宜采用锯桩机进行截桩或用人工剔凿沟槽后截桩，防止因剔凿芯桩而损坏桩身水泥土，当桩顶水泥土松散或损坏时，应剔除并用细石混凝土补齐或增设混凝土桩帽。当芯桩桩顶高出设计标高大于 300mm，或因沉桩间隔时间过长、桩身偏斜等造成无法继续下沉时，应与设计方商定进行补桩或采取其他补救措施。

④ 芯桩沉入施工地面以下后，用送桩器将芯桩压至预定深度，芯桩桩顶标高施工偏差不应大于±50mm。

⑤ 沉桩工序完毕后应填写施工记录，注明沉桩施工中出现的问题。

⑥ 接桩时可采用预埋钢板焊接，应尽量减少焊接时间，并应保证接桩后桩身的垂直度。接桩时其入土部分桩段的桩头宜高出地面 0.5~1.0m。

（2）现浇混凝土或钢筋混凝土芯桩施工

1）现浇芯桩施工要求及质量控制按《建筑桩基技术规范》

JGJ 94—2008 的有关规定执行。现浇芯桩可采用振动沉管或干作业钻孔灌注（如螺旋钻孔、机动洛阳铲成孔等）成桩，其施工工艺的关键是保证沉管或钻具顺利下沉，且不发生坍孔或缩颈的质量事故，其他与一般混凝土灌注桩施工要求基本相同，因此可按《建筑桩基技术规范》JGJ 94—2008 有关规定执行。为保证桩顶质量，凿除浮浆及劣质桩头后，必须保证暴露的桩顶混凝土达到强度设计值。一般宜超灌 0.3m。

2）芯桩采用沉管灌注时，沉管宜在水泥土初凝后进行，拔管速度宜控制在 0.6～1.2m/min，混凝土充盈系数应大于 1.0。沉管过早易发生缩颈，过晚易造成沉管下沉困难或水泥土胀裂，具体要求应依水泥土性状及施工方法由现场试验确定。

3）芯桩采用干作业成孔灌注时，应待桩身水泥土终凝后，水泥土达到一定强度不致坍孔缩颈时方可进行。成孔后应将孔底虚土夯实，并防止杂土落入孔内。

4）制作现浇芯桩前，应重新校核桩位，芯桩中心与搅拌桩中心偏差不应大于 20～40mm。

5）成桩过程中，抽样做混凝土试块，每台班做一组（3 块）试块，测定其立方体抗压强度。

6）现浇芯桩桩顶应振捣密实，桩顶标高偏差不应超过±50mm。

第 2 章　混凝土结构施工新技术

2.1　混凝土工程技术

2.1.1　高强混凝土技术

　　高强混凝土作为一种新的建筑材料，以其抗压强度高、抗变形能力强、密度大、孔隙率低的优越性，在高层建筑结构、大跨度桥梁结构以及某些特种结构中得到广泛的应用。一般认为强度在 C60 以上的混凝土为高强混凝土。高强混凝土最大的特点是抗压强度高，故可减小构件的截面，因此最适宜用于高层建筑。试验表明，在一定的轴压比和合适的配箍率情况下，高强混凝土框架柱具有较好的抗震性能。而且柱截面尺寸减小，减轻自重，避免短柱，对结构抗震也有利，同时提高了经济效益。高强混凝土材料也为预应力技术提供了有利条件，可采用高强度钢材和人为控制应力，从而大大提高受弯构件的抗弯刚度和抗裂度，因此世界范围内越来越多地采用施加预应力的高强混凝土结构，并将其应用于大跨度房屋和桥梁中。此外，利用高强混凝土密度大的特点，可用作建造承受冲击和爆炸荷载的建（构）筑物，如原子能反应堆基础等。利用高强混凝土抗渗性能强和抗腐蚀性能强的特点，可用于建造具有高抗渗和高抗腐要求的工业用水池等。

　　高强混凝土也有其不足之处，由于素混凝土的延性都随着强度的提高而降低，导致高强混凝土延性较差。但材料的延性并不等同于构件或结构的延性，对高强混凝土构件通过适当的配筋构造措施，可以使其满足设计要求。此外，高强混凝土的抗拉、抗剪强度虽然随着混凝土抗压强度的增长而提高，但抗拉、抗剪强度与抗压强度的比值也随之降低。因此，对于高强混凝土的力学性能，不能简单地按照普通混凝土的概念去推论。同时高强混凝土对于原材料有严格要求，对于生产、施工各环节都有较高的质量管理要求，其质量还特别容易受到生产、运输、浇筑和养护过程中环境因素的影响。这些都需要在混凝土施工全过程中加以密切关注。

1. 高强混凝土配制要点

（1）混凝土原材料选择

1）水泥

配制高强混凝土宜选用强度等级不低于 52.5MPa 的硅酸盐水泥、普通硅酸盐水泥和早强型硅酸盐水泥。

一般来说，用于高强混凝土的水泥，矿物成分主要由 C_3S（硅酸三钙）、C_2S（硅酸二钙）、C_3A（铝酸三钙）、C_4AF（铁铝酸四钙）所组成，其中 C_3A 的多少与混凝土拌料是否变硬、初凝及混凝土的早期强度高低有很大关系。C_3A 含量较高时，在外加高效减水剂的拌料中容易出现坍落度迅速损失的现象。所以矿物成分中应主要控制 C_3A 含量，其不宜超过 8%。

尽可能减少混凝土中的水泥用量并外加矿物掺合料，应是配制高强混凝土的一个重要原则。虽然提高水泥用量可以增加强度，但也会产生严重水化热和过大收缩等问题；而且水泥用量超过某一限值（$450\sim500kg/m^3$）以后，继续增大用量对混凝土强度的提高作用减弱。

2）骨料

骨料是混凝土的重要组成材料，一般分为粗骨料和细骨料，即石子和砂。配制高强混凝土的骨料，应选用坚硬、高强、密实而无空隙和无软质杂质的优良骨料。

粗骨料（石子）要优先选用抗压强度高的材料，比如花岗岩、大理石等；骨料粒型应坚实并带有棱角。骨料级配宜连续且在要求范围之内，骨料中的片状颗粒、杂质等不宜超过 5%。粗骨料的含泥量不应超过 1%，最大粒径不宜超过 20mm。粗骨料的其他质量标准应符合《普通混凝土用砂、石质量及检验方法标准》JGJ 52—2006 的规定。

细骨料（砂）最好选用较纯净的河砂，含泥量不宜超过2％；其细度模数不宜小于 2.6。细骨料的其他质量标准应符合《普通混凝土用砂、石质量及检验方法标准》JGJ 52—2006 的规定。

3）矿物掺合料

配制高强混凝土宜外加掺合料如粉煤灰、磨细天然沸石岩粉、硅粉等，并置换部分水泥，以改善混凝土拌合料的工作性能和硬化后混凝土的技术性能。

① 粉煤灰

用作掺合料的粉煤灰宜符合《粉煤灰混凝土应用技术规范》GB/T 50146—2014 中规定的 I 级灰标准，尽可能选用细度大且烧失量低的粉煤灰。必要时通过试验也可使用 II 级灰。

② 磨细天然沸石岩粉

用作掺合料的天然沸石岩品种应以斜发沸石或丝光沸石为主，不宜选用方沸石、十字沸石及菱沸石。

磨细天然沸石岩粉应符合表 2-1 的要求。

磨细天然沸石岩粉质量要求　　　　　　　表 2-1

项　目	质量要求
铵离子净交换量(斜发沸石)	≥110mg/100g
铵离子净交换量(丝光沸石)	≥120mg/100g
细度	0.08mm
方孔筛余	≥10％
抗压强度比	≥90％

③ 硅粉

用作掺合料的硅粉，应符合表 2-2 的质量要求。

④ 化学外加剂

配制高强混凝土必须使用高效减水剂。高效减水剂的质量应

硅粉质量要求   表 2-2

项　目	质量要求
二氧化硅含量	$\geqslant 90\%$
比表面积（BET-N2 吸收法）	$\geqslant 25 m^2/g$
密度	$2.2 \times 10^3 kg/m^3$
平均粒径	$0.1 \sim 0.2 \mu m$

符合《混凝土外加剂》GB 8076—2008 的规定。当采用复合型高效减水剂时应有具有相应资质的质量检测中心（站）的检测证明。

高效减水剂在正确使用的条件下能够改善水泥的水化条件，提高混凝土的密实性，所以对强度、抗渗性以及防止钢筋锈蚀都有利。但是超量使用高效减水剂会损害混凝土的耐久性。

（2）混凝土配合比设计要点

1）高强混凝土配合比的计算方法及步骤除按照普通混凝土有关规定外，同时应符合下列规定：

① 水胶比、胶凝材料用量和砂率可按表 2-3 选取，并应经试配确定。

高强混凝土水胶比、胶凝材料用量和砂率   表 2-3

强度等级	水胶比 水/（水泥＋掺合料）	胶凝材料用量 （kg/m³）	砂率（%）
C60～C80	0.28～0.33	480～560	
C80～C100	0.26～0.28	520～580	35～42
C100	0.24～0.26	550～600	

② 外加剂和矿物掺合料的品种、掺量，应通过试配确定；矿物掺合料掺量宜为 $25\% \sim 40\%$；硅灰掺量不宜大于 10%。

③ 水泥用量不宜大于 $500 kg/m^3$。

2）高强混凝土配合比的试配与确定的步骤除应按普通混凝土的配合比设计规定进行外，当采用 3 个不同的配合比进行混凝土强度试验时，其中 1 个应为基准配合比，另外 2 个配合比的水灰比宜较基准配合比分别增加、减少 0.02。

3）高强混凝土设计配合比确认后，尚应用该配合比进行不少于三盘混凝土的重复试验，每盘混凝土应至少成型一组试件，每组混凝土的抗压强度不应低于试配强度。

2. 高强混凝土施工要点

（1）混凝土搅拌工艺

1）高强混凝土宜采用双卧轴强制式搅拌机。搅拌时间宜符合表 2-4 的规定。

高强混凝土搅拌时间　　　　　　　　表 2-4

混凝土强度等级	施工工艺	搅拌时间（s）
C60～C80	泵送	60～80
	非泵送	90～120
＞C80	泵送	90～120
	非泵送	≥120

2）搅拌掺用纤维、分装外加剂的高强混凝土时，搅拌时间宜适当延长，延长时间不宜少于 30s。

3）清洁过的搅拌机搅拌第一盘高强混凝土时，宜分别增加 10％的水泥用量和 10％的砂子用量，相应调整用水量，保持水灰比不变，以弥补搅拌机挂浆造成的砂浆损失。

4）搅拌应保证预拌高强混凝土拌合物质量均匀，同一盘混凝土的搅拌匀质性应符合现行国家标准《混凝土质量控制标准》GB 50164—2011 的有关规定。

（2）混凝土拌合物检验

制备高强混凝土应加强目测检查，并按《预拌混凝土》GB/T 14902—2012 的规定，对出机混凝土进行坍落度检测和经时坍落度损失的测定，相应指标必须符合设计要求。检查过程中应重点检查：原材料的品种、规格和质量，所用配合比、搅拌工艺和搅拌时间，混凝土拌合物的和易性、黏聚性和保水性，出机坍落度、浇筑现场入泵坍落度等。

（3）混凝土运输

高强混凝土运输应采用搅拌运输车，当距离很近时，可采用翻斗车。一般情况下，对于高强及其他高性能混凝土运输应符合如下规定：

1）搅拌运输车应符合现行行业标准《混凝土搅拌运输车》GB/T 26408—2011 的规定，对于特殊天气，如严寒及炎热天气，车辆应有保温及隔热措施。

2）现场翻斗车仅限用于运送坍落度小于 90mm 的混凝土，且距离不宜过长，并且道路应平整。

3）搅拌车在装料前，必须将搅拌罐内的积水排尽，同时严禁向搅拌罐内的混凝土中加水。

4）当卸料前需要在混凝土拌合物中加入外加剂时，应在外加剂加入后采用快挡旋转搅拌罐进行搅拌。

5）预拌混凝土从搅拌机卸入搅拌运输车至卸料时的运输时间不宜大于 90min，如果需要延长运输时间，则应采取相应的有效技术措施。

6）当采用泵送施工工艺时，应能保证混凝土浇筑的连续性。

7）搅拌运输车出入厂区及施工现场时，宜采用循环水进行冲洗以保持车辆的卫生清洁。

（4）混凝土浇筑

1）浇筑高强混凝土前，应根据工程特点、环境条件、施工工艺与施工条件制定混凝土浇筑方案。

2）浇筑前，应检查模板、钢筋、保护层和预埋件的尺寸、规格、数量和位置，其相应偏差值应符合现行的国家规范。

3）浇筑前，应重点检查模板及架体支撑的稳定性以及模板接缝的密合情况。保证模板在浇筑过程中不失稳、不跑模、不漏浆。

4）浇筑前，应清除模板内的杂物，同时浇筑前，模板进行浇水湿润。

5）当天气炎热施工时，高强混凝土入模温度不应高于

35℃，宜选择傍晚及夜间浇筑。冬期施工期间，入模温度不应低于5℃，同时应有保温措施。

6）泵送设备和管道的选择、布置及其泵送操作可按现行行业标准《混凝土泵送施工技术规程》JGJ/T 10—2011的规定执行。

7）不同配合比或不同强度等级混凝土在同一时间段交替浇筑时，输送管道中的混凝土不得混入其他不同配合比或不同强度的混凝土。润滑泵管的砂浆不得浇筑在重要构件上，也不得集中浇筑在非重要结构部位。

8）当泵送混凝土的自由倾落高度大于2m时，宜采用串筒、溜管或振动溜管等设备，避免混凝土离析。

9）当泵送高度超过100m时，宜采用高压泵进行高强混凝土泵送；当泵送高度大于100m，且强度不低于C80的高强混凝土时，宜采用150mm管径的输送管。

10）浇筑竖向尺寸较大的构件时，应进行分层浇筑，每层的浇筑厚度宜控制在300～350mm；浇筑大体积混凝土时，可利用自然流淌形成斜坡，沿高度均匀上升，分层厚度不应大于500mm，高强混凝土分层浇筑时间的间隔时间不得超过120min，严禁随意留置施工缝。

11）当泵送不同配合比的混凝土时，应清空输送管道中存留的原有混凝土。

12）不同强度等级混凝土现浇对接处，应设在低强度等级混凝土构件中，与高强度等级构件间距不宜小于500mm，现浇对接处可设置密孔钢丝网拦截混凝土拌合物。

13）浇筑时应先浇筑高强度等级混凝土，后浇低强度等级混凝土；低强度等级混凝土不得流入高强度等级混凝土构件中。

14）混凝土振捣宜采用机械振捣。一般采用振捣棒捣实，插入间距不应大于振捣棒振动作用半径的一倍；连续多层浇筑时，振捣棒应插入下层混凝土拌合物50mm再进行振捣；当浇筑厚度不大于200mm的表面积较大的平面结构或构件时，宜采用表面振动成型。

15）振捣时间宜控制在 10～30s 内，当混凝土拌合物表面出现泛浆，并且基本无气泡逸出，视为捣实。

16）高强混凝土浇筑成型后，应及时对混凝土进行覆盖。梁板及道路等平面结构混凝土终凝前，应用抹子搓压表面至少两遍，平整后再次进行覆盖。

17）混凝土构件成型后，在强度达到 1.2MPa 以前，不得在构件上面踩踏行走。

（5）混凝土养护

高性能混凝土应根据施工要求、环境条件、混凝土材料和生产工艺情况，选用适宜的养护方法和养护制度，保证混凝土性能稳定发挥，达到设计强度和耐久性要求。高性能混凝土养护应符合下列规定：

1）生产和施工单位应根据结构、构件或制品情况、环境条件、原材料情况以及对混凝土性能的要求等，提出施工养护方案或生产养护制度，并应严格执行，详细记录。

2）混凝土施工可采用浇水、覆盖保湿、喷涂养护剂、冬期蓄热养护等方法进行养护；混凝土构件或制品厂生产可采用蒸汽养护、湿热养护或潮湿自然养护等方法进行养护，选择的养护方法应满足施工养护方案或生产养护制度的要求。

3）采用塑料薄膜覆盖养护时，混凝土全部表面应覆盖严密，并应保持膜内有凝结水；当采用混凝土养护剂进行养护时，养护剂的有效保水率不应小于 90%，7d 和 28d 试块的抗压强度与标准养护条件下的抗压强度之比均不应小于 95%，养护剂有效保水率和抗压强度比的试验方法应符合现行行业标准的规定。

4）养护用水温度与混凝土表面温度之间的温差不宜大于 20℃。

5）混凝土施工养护时间应符合下列规定：

① 对于采用硅酸盐水泥、普通硅酸盐水泥或矿渣硅酸盐水

泥配置的混凝土，采用浇水和潮湿覆盖的养护时间不得少于7d；

② 对于采用粉煤灰硅酸盐水泥、火山灰质硅酸盐水泥、复合硅酸盐水泥配置的混凝土，或掺加缓凝剂的混凝土以及大掺量矿物掺合料混凝土，采用浇水和潮湿覆盖的养护时间不得少于14d；

③ 对于竖向混凝土结构，养护时间宜适当延长。

6）混凝土构件或制品厂的混凝土养护应符合下列规定：

① 采用蒸汽养护或湿热养护时，养护时间和养护制度应满足混凝土及其制品性能的要求；

② 采用蒸汽养护时，应分为静停、升温、恒温和降温四个养护阶段，混凝土成型后的静停时间不宜少于2h，升温速度不宜超过25℃/h，降温速度不宜超过20℃/h，最高和恒温温度不宜超过65℃。

对于大体积混凝土，养护过程应进行内部温度、表层温度和环境气温监测，根据混凝土温度和环境变化情况及时调整养护制度，控制混凝土内部和表面温差不宜超过25℃，表面与外界的温差不宜大于20℃。

7）对于冬期施工的混凝土，养护应符合下列规定：

① 日均气温低于5℃时，不得采用浇水自然养护的方法；

② 为能够将混凝土冻结后的强度损失控制在5％以内，根据《建筑工程冬期施工规程》JGJ/T 104—2011，混凝土受冻前的强度不得低于5MPa；

③ 模板和保温层在混凝土冷却到5℃时，方可拆除，或在混凝土表面温度与外界温度相差不大于20℃时拆模，拆模后的混凝土应及时覆盖，使其缓慢冷却；

④ 混凝土强度达到设计强度等级的50％时，方可撤除养护措施。

8）养护尚应符合现行国家标准《混凝土质量控制标准》GB 50164—2011和《混凝土结构工程施工规范》GB 50666—2011的规定。

2.1.2 超高泵送混凝土技术

1. 技术概念及发展概况

超高泵送混凝土技术一般是指泵送高度超过 200m 的现代混凝土泵送技术。近年来，随着经济和社会发展，泵送高度超过 300m 的建筑工程越来越多：上海金茂大厦，泵送高度 382.5m，一次泵送 174m³；北京中国国际贸易中心三期 A 阶段工程，一次泵送高度 330m；上海环球金融中心，C60 混凝土泵送高度 289.55m，C50 混凝土泵送高度 344.3m，C40 混凝土泵送高度 492m；广州珠江新城西塔工程，C80 混凝土泵送高度 410m，C90 混凝土泵送高度 167m。

随着超高层建筑在世界范围内的再次兴起，超高泵送混凝土技术势必成为其中的一项关键技术，所以研究该项技术十分必要和紧迫。超高泵送混凝土技术是一项综合技术，包含混凝土制备技术、泵送参数计算、泵送机械选定与调试、泵管布设和过程控制等内容。

2. 混凝土技术特点

高层泵送混凝土的配合比的设计与普通混凝土设计基本相同，但在用水量、砂率的确定和外加剂及混合材料的选择上有其特殊性。

混凝土在达到工程要求的强度和耐久性的前提下，混凝土的可泵性主要通过坍落度和压力泌水值双指标评价。主要从以下几方面进行控制：

（1）增加混凝土坍落度：拌合料的坍落度应根据泵送高度确定，作为超高层泵送，有效高度都在 200m 以上，坍落度应控制在 220～240mm。

（2）适当提高砂率：经研究表明，细骨料增加可以减少拌合物的泌水，故可以提高混凝土的泵送性。

（3）适当增大水泥用量：增大水泥用量可以提高混凝土拌合物的流动性。

（4）适量掺加混凝土泵送剂：在不增加用水量的情况下，可以增加混凝土的坍落度。

3. 混凝土原材料选择

（1）水泥：水泥的矿物组成对混凝土施工性能影响较大，最理想的情况是 C_2S 的含量达到 $40\%\sim70\%$，同时 C_3S 的含量较低。

（2）粉煤灰：对比试验发现，不同产地、不同种类的Ⅰ级粉煤灰对混凝土拌合物性能的影响有较大差异，比如 C 类较 F 类对黏度控制更有利，但应控制其最大掺量。

（3）砂石：常规泵送作业要求最大骨料粒径与管径之比不大于 1∶3，但在超高层泵送中管道内压力大易出现分层离析现象，因此比例宜小于 1∶5，且应控制粗骨料针片状物的含量。

（4）外加剂：选用减水率较高、保塑时间较长的聚羧酸系。同时，适当调整外加剂中的引气剂的比例，以提高混凝土的含气量，使混凝土在较大坍落度情况下有较好的黏聚性和黏度。

4. 混凝土配合比设计要点

（1）泵送混凝土配合比，除必须满足混凝土设计强度和耐久性的要求外，尚应使混凝土满足可泵性的要求。

（2）泵送混凝土配合比设计，应根据混凝土原材料、混凝土运输距离、混凝土泵与混凝土输送管径、泵送距离、气温等具体施工条件试配。必要时，应通过试泵送确定泵送混凝土配合比。

（3）泵送混凝土的用水量与胶凝材料总量之比不宜大于 0.6。

（4）砂率对混凝土泵送也有一定影响，当混凝土拌合物通过非直管或软管时，粗骨料颗粒间相对位置将产生变化。此时，若砂浆量不足，则拌合物变形不够，容易产生堵塞现象。若砂率过大，集料的总表面积和孔隙率都增大，拌合物显得干稠，流动性小。因此，合理的砂率值主要根据混合物的坍落度及黏聚性、保水性等特性来确定，以便达到黏聚性及保水性良好，坍落度最大。泵送混凝土砂率宜为 $35\%\sim45\%$。

（5）泵送混凝土的胶凝材料总量不宜小于 300kg/m³。

（6）泵送混凝土应掺适量外加剂，外加剂的品种和掺量宜由试验确定，不得随意使用。

（7）掺用引气剂型外加剂的泵送混凝土的含气量不宜大于 4%。

（8）掺粉煤灰的泵送混凝土配合比设计，必须经过试配确定，并应符合现行有关标准的规定。

（9）单位用水量对高强度等级混凝土的黏度影响较大。采用 V 形漏斗试验对黏度进行检测时发现，当扩展度同样达到 600±20mm 的条件下，如采用低用水量与高掺量泵送剂匹配，V 形漏斗通过时间就增加；相反高用水量和低掺量泵送剂匹配，通过时间就缩短。综合考虑用水量对强度、压力泌水率和拌合物稳定性等因素的影响，确定最大用水量后再通过调整外加剂组成、掺量等，配制出坍落度经时损失满足要求的混凝土。

（10）泵送混凝土的可泵性，可按现行国家标准《普通混凝土拌合物性能试验方法标准》GB/T 50080—2016 有关压力泌水试验的方法进行检测，一般 10s 时的相对压力泌水率不宜超过 40%。对于添加减水剂的混凝土，宜由试验确定其可泵性。

（11）超高泵送混凝土的入泵坍落度，泵送高度 200m 时，坍落度为 190～220mm；泵送高度 400m 时，坍落度为 230～260mm。

（12）泵送混凝土试配时要求坍落度应按下列公式计算，泵送混凝土试配时应考虑坍落度经时损失。

$$T_t = T_p + \Delta T \tag{2-1}$$

式中：T_t——试配时要求的坍落度值（cm）；

T_p——入泵时要求的坍落度值（cm）；

ΔT——试验测得在预计时间内的坍落度经时损失值（cm）。

5. 混凝土技术指标

（1）混凝土拌合物的工作性良好，无离析泌水，坍落度一般在 180～200mm，泵送高度超过 300m 的，坍落度宜大于 240mm，坍落扩展度大于 600mm（坍落扩展度是通过坍落度筒，在测定坍落度值的同时测定坍落扩展值，来反映混凝土拌合物的变形能力），倒锥法混凝土下落时间小于 15s。

（2）硬化混凝土物理力学性能指标包括抗压强度、抗拉强度、抗折强度、抗渗指标、抗冻指标等，其中主要是抗压和抗折强度。

6. 混凝土拌制

混凝土拌制过程主要分为以下几个步骤：

（1）进行水泥与外加剂的适应性试验，确定水泥和外加剂的品种。

（2）根据混凝土的和易性和强度指标选择确定优质矿物掺合料。

（3）寻找最佳掺合料双掺比例，最大限度地发挥掺合料的效果。

（4）根据混凝土性能指标和成本控制指标等确定掺合料的最佳替代掺量。

（5）通过调整外加剂性能、砂率、粉体含量等措施，进一步降低混凝土和易性尤其是黏度的经时变化率。

（6）根据现场实际泵送高度变化确定满足技术及现场要求的一组或几组配合比。

（7）根据现场试泵送，确定最终配合比。

7. 混凝土泵送设备选型及管道布设

（1）混凝土泵的选型

1）混凝土泵的选型应根据工程特点、输送高度和距离、混凝土工作性确定。

2）输送泵的数量应根据混凝土浇筑量和施工条件确定，必要时应设置备用泵。

3）混凝土泵选型的主要技术参数为：泵的最大理论排量（m³/h）、泵的最大混凝土压力（MPa）、混凝土的最大水平运距（km）、最大垂直运距（m）。

4）一般情况下，高层建筑混凝土输送可采用固定式高压混凝土泵输送混凝土。常用的有 HBT60/80/90/100/120 拖式混凝土泵等。

（2）泵送能力验算

1）泵的额定工作压力应大于按下式计算的混凝土最大泵送阻力。

$$P_{max} = \frac{\Delta P_H L}{10^6} + P_f \qquad (2-2)$$

式中：P_{max}——混凝土最大泵送阻力（MPa）；

L——各类布置状态下混凝土输送管路系统的累积水平换算距离，可按表 2-5 换算累加确定；

ΔP_H——混凝土在水平输送管内流动每米产生的压力损失（Pa/m）；

P_f——混凝土泵送系统附件及泵体内部压力损失（MPa），当缺乏详细资料时，可按表 2-6 取值累加计算。

混凝土输送管水平换算长度   表 2-5

管类别或布置状态	换算单位	管规格		水平换算长度(m)
向上垂直管	每米	管径(mm)	100	3
			125	4
			150	5
倾斜向上管(输送管倾斜角为 α)	每米	管径(mm)	100	$\cos\alpha + 3\sin\alpha$
			125	$\cos\alpha + 4\sin\alpha$
			150	$\cos\alpha + 5\sin\alpha$
垂直向下及倾斜向下管	每米	—		1
锥形管	每根	锥径变化(mm)	175→150	4
			150→125	8
			150→100	16
弯管(弯管弧角为 β,$\beta \leqslant 90°$)	每只	弯曲半径(mm)	500	$12\beta/90$
			1000	$9\beta/90$
胶管	每根	长 3~5m		20

混凝土泵送系统附件的估算压力损失 表 2-6

附件名称		换算单位	换算压力损失(MPa)
管路截止阀		每个	0.1
泵体附属结构	分配阀	每个	0.2
	启动内耗	每台泵	1.0

2）混凝土泵的最大水平输送距离，按下列方法确定：

① 试验确定；

② 根据混凝土泵的最大出口压力、配管情况、混凝土性能指标和输出量，按公式（2-3）计算。

$$L_{max} = \frac{P_e - P_f}{\Delta P_H} \times 10^6 \qquad (2-3)$$

其中

$$\Delta P_H = \frac{2}{r}\left[K_1 + K_2\left(1 + \frac{t_2}{t_1}\right)V_2\right]a_2 \qquad (2-4)$$

$$K_1 = 300 - S_1 \qquad (2-5)$$

$$K_2 = 400 - S_1 \qquad (2-6)$$

式中：L_{max}——混凝土泵的最大水平输送距离（m）；

P_e——混凝土泵额定工作压力（Pa）；

ΔP_H——混凝土在水平输送管内流动每米产生的压力损失（Pa/m）；

P_f——混凝土泵送系统附件及泵体内部压力损失（MPa），当缺乏详细资料时，可按表 2-6 取值累加计算；

K_1——黏滞系数（Pa）；

K_2——速度系数（Pa·s/m）；

S_1——混凝土坍落度（mm）；

$\frac{t_2}{t_1}$——混凝土泵分配阀切换时间与活塞推压混凝土时间之比，当设备性能未知时，可取 0.3；

V_2——混凝土拌合物在输送管内的平均流速（m/s）；

a_2——径向压力与轴向压力之比，对普通混凝土取 0.9。

（3）混凝土泵的数量计算

混凝土泵的台数，可根据混凝土浇筑体积量、单机的实际平均输出量和施工作业时间，按公式（2-7）计算：

$$N_2 = Q/(Q_1 \cdot T_0) \qquad (2-7)$$

式中：N_2——混凝土泵台数；

Q——混凝土浇筑体积量；

Q_1——每台混凝土泵的实际平均输出量（m^3/h）；

T_0——混凝土泵送计划施工作业时间（h）。

（4）混凝土泵的布置要求

1）混凝土泵应安装于场地平整坚实，周围道路畅通，接近排水设施，供水、供电、供料方便，距离浇筑地点近，便于配管之处。在混凝土泵的作业范围内，不得有高压电线等危险物。

2）混凝土输送不宜采用接力输送的方式，当必须采用接力泵泵送混凝土时，接力泵的设置位置应使上、下泵的输送能力匹配。当在建筑楼面上设置接力泵时，应验算楼面结构承载能力，必要时应采取加固措施。

3）混凝土泵转移运输时的安全要求应符合产品说明及有关标准的规定。

（5）混凝土输送管的配管设计与敷设要求

1）应根据工程和施工场地特点、混凝土浇筑方案，对混凝土输送配管进行合理设计。管线布置宜横平竖直，尽量缩短管路长度，并保证安全施工，便于清洗管路、排除故障和拆装维修。

2）管线布置中尽可能减少弯管使用数量，除终端出口处采用软管外，其余部位均不宜采用软管。除泵机出料口处，同一管路中，应采用相同管径的输送管，不宜使用锥管；当新旧管配合使用时，应将新管布置在泵送压力大的一侧。

3）混凝土输送管规格应根据粗骨料最大粒径、混凝土输出量和输送距离以及输送难易程度进行选择。

4）输送管强度应与泵送条件相适应，不得有龟裂、空洞、凹凸损伤和弯折等缺陷。其接头应密封良好，具有足够强度，并能快速拆装。

5）泵送施工地下结构物时，地表水平管轴线应与泵机出料口轴线垂直。

6）混凝土输送管应采用支架固定，支架应与结构牢固连接，输送泵管转向处支架应加密；支架应通过计算确定，同时要对设置支架处的结构进行验算，必要时应采取加固措施。

7）向上输送混凝土时，地面水平输送泵管的直管和弯管总的折算长度不宜小于竖向输送高度的20%，且不宜小于15m。

8）超高层泵送施工时，为防止泵管高度过大造成混凝土拌合物反流，每隔20层应设置一段水平管，从楼板的另一侧向上垂直接泵管。水平管长度不宜小于垂直管长度的25%，且不宜小于15m，同时在混凝土泵出料口3～6m处的输送管根部应设置截止阀，防止混凝土拌合物反流。

9）倾斜向下配管时，应在斜管上端设排气阀。

10）施工过程中应定期检查管道，特别是弯管等部位的磨损情况，以防爆管；在泵机出口或有人员通过之处的管段，应增设安全防护结构。夏季或冬季施工时，应注意采取必要的防护措施，以保证泵送混凝土入模时的温度合理。

（6）超高层泵送施工现场管理要点

1）泵送混凝土前，先把储料斗内清水从管道用泵泵出，达到湿润和清洁管道的目的，然后向料斗内加入与混凝土配比相同的水泥砂浆，润滑管道后方可开始泵送混凝土。

2）开始泵送时，泵送速度宜放慢，油压变化应在允许范围内，待泵送顺利时，才能采用正常速度进行泵送。

3）泵送期间，料斗内的混凝土量应保持不低于缸筒口上10mm，不高于料斗口下150mm。避免吸入率低，容易吸入空气造成塞管，同时若混凝土过多则反抽时会溢出并加大搅拌轴负荷。

4）混凝土泵送宜连续作业，当混凝土供应不及时，需降低泵送速度，泵送暂时中断时，搅拌不应停止。当叶片被卡死时，需反转排除，之后正转、反转交替进行一段时间，待正转顺利后方可继续泵送。

5）泵送中途若停歇时间超过 20min、管道又较长时，应每隔 5min 开泵一次，泵送少量混凝土；管道较短时，可采用每隔 5min 正反转 2~3 行程，使管内混凝土蠕动，防止拌合物泌水离析；长时间停泵超过 45min，同时气温较高、混凝土坍落度较小时可能造成塞管，宜将混凝土从泵和管道中清除，保证下次泵送时能正常使用。

2.2 钢筋工程技术

2.2.1 高强钢筋应用技术

1. 高强钢筋的概念

高强钢筋是指现行国家标准中的屈服强度为 400MPa 和 500MPa 级的普通热轧带肋钢筋（HRB）和细晶粒热轧带肋钢筋（HRBF）。普通热轧钢筋（HRB）多采用 V、Nb 或 Ti 等微合金化工艺进行生产，其工艺成熟，产品质量稳定，钢筋综合性能好。细晶粒热轧钢筋（HRBF）通过控轧和控冷工艺获得超细组织，从而在不增加合金含量的基础上提高钢材的性能，细晶粒热轧钢筋焊接工艺要求高于普通热轧钢筋，应用中应予以注意。经过多年的技术研究、产品开发和市场推广，目前 400MPa 级钢筋已得到较广泛应用，500MPa 级钢筋开始应用。

高强钢筋应用技术主要有设计应用技术、钢筋代换技术、钢筋加工及连接锚固技术等。

400MPa 和 500MPa 级钢筋的技术指标应符合现行国家标准《钢筋混凝土用钢　第 2 部分：热轧带肋钢筋》GB 1499.2—2007 的规定，设计及施工应用指标应符合《混凝土结构设计规范》GB 50010—2010、《混凝土结构工程施工质量验收规范》GB

50204—2015、《混凝土结构工程施工规范》GB 50666—2011 及其他相关标准。钢筋直径为 6～50mm，推荐采用的直径为 8、12、16、20、25、32、40mm，400MPa 级钢筋的屈服强度标准值为 400N/mm^2，抗拉强度标准值为 540N/mm^2，抗拉抗压强度设计值为 360N/mm^2；500MPa 级钢筋的屈服强度标准值为 500N/mm^2，抗拉强度标准值为 630N/mm^2，抗拉抗压强度设计值为 435N/mm^2；对有抗震设防要求的结构，建议采用带后缀的"E"的抗震钢筋。

按现行标准规范，在混凝土结构中，高强钢筋使用量理论上可以达到钢筋总量的 90％左右。我国 HRB400 钢筋用量占钢筋总量的 70％，HRB500 钢筋仅在示范项目的混凝土梁、柱纵向受力钢筋中推广应用。而发达国家钢筋多以 HRB400、HRB500 为主，甚至 HRB600，其用量一般占到钢筋总量的 70％～80％。这表明我国推广应用高强钢筋有着巨大潜力。

2. 高强钢筋的特点

（1）强度高、安全储备大、经济效益显著

用于取代传统的 HRB335 钢筋，其抗拉抗压强度设计值由 310MPa 提高到 360MPa、435MPa，在混凝土结构中可节约 14％～20％的钢材。用于取代传统的 HPB235 钢筋，则抗拉抗压设计强度值可由 210MPa 提高到 360MPa，在结构中节约 32％左右的钢材。同时弹性模量均大于 2×10^5 MPa，按国标计算满足使用要求。

（2）机械性能好

HRB400、HRB500 钢筋显著改善了 HRB335 钢筋的力学性能，强度提高的同时塑性降低很小或者基本不降低。此外，HRB400、HRB500 钢筋冷弯性能优于 HRB335 钢筋，克服了弯折钢筋部位出现微小裂纹，易于消除结构质量的隐患。

（3）焊接性能好

HRB400 钢筋的碳当量低，有良好的焊接性能，可以采用闪光对焊、气压焊、电渣压力焊和手工电弧焊进行焊接。

（4）抗震性能良好

由于高强钢筋的强屈比大于 1.25，钢筋在最大力下的总伸长率 A_{el} 不小于 9%，可使钢筋在最大力作用下有较大的弯形而不断裂，在遭遇地震灾害时，能发挥良好的抗震作用，有利于提高建筑结构的抗震性能和安全性。

（5）使用范围广、规格齐全

该产品适用于柱、梁、墙、板等结构构件。产品直径为 6～50mm，推荐直径为 6、8、12、16、20、25、32、40、50mm，克服了 HRB335 钢筋缺少直径小于 12mm 的小直径盘圆线材及 HPB235 钢筋缺少直径大于 25mm 的粗直径直条筋的难题，便于施工下料与配筋绑扎，使钢筋布置更趋合理，易于混凝土的浇捣。

3. 高强钢筋的技术性能

（1）热轧带肋钢筋的化学成分和碳当量不应大于表 2-7 的规定值。根据需要，钢中还可以加入 V、Nb、Ti 等元素。

热轧带肋钢筋化学成分组成　　　　表 2-7

牌号	化学成分（%）					
	C	Si	Mn	P	S	Ceq
HRB335	0.25	0.80	1.60	0.045	0.045	0.52
HRB400	0.25	0.80	1.60	0.045	0.045	0.54
HRB500	0.25	0.80	1.60	0.045	0.045	0.55

（2）热轧带肋钢筋的力学性能应符合表 2-8 的规定。

热轧带肋钢筋力学性能　　　　表 2-8

牌号	屈服强度特征值 R_{el}（MPa）	抗拉强度特征值 R_m（MPa）	断后伸长率 A（%）	最大力总伸长率 A_{gt}（%）
HRB300 HRBF300	不小于 300	不小于 455	不小于 17	不小于 9
HRB400 HRBF400	不小于 400	不小于 540	不小于 16	
HRB500 HRBF500	不小于 500	不小于 630	不小于 15	

抗震等级为一、二、三级的框架梁、框架柱和斜撑构件（含梯段）纵向受力钢筋应采用符合抗震性能指标的抗震钢筋，其钢筋的抗拉强度实测值与屈服强度实测值的比值不应小于 1.25；钢筋的屈服强度实测值与屈服强度标准值的比值不应大于 1.3，且钢筋在最大拉力下的总伸长率实测值不应小于 9%。

（3）高强钢筋的设计参数

在《混凝土结构设计规范》GB 50010—2010、《混凝土结构工程施工质量验收规范》GB 50204—2015、《混凝土结构工程施工规范》GB 50666—2011 等国家标准中，已将 HRB500 和 HRBF500 钢筋纳入新规范，500MPa 级钢筋的标准强度取 500MPa，材料分项系数取 1.15，抗拉强度设计值为 435MPa，抗压强度设计值为 410MPa，作为受力箍筋使用时，强度设计值不应超过 360MPa。400MPa 级钢筋的抗拉强度标准值取 400MPa，抗拉强度设计值为 360MPa，抗压强度设计值为 360MPa。

4. 高强钢筋的施工要求

（1）材料要求

高强钢筋通常按照定尺长度交货，若以盘卷交货时，每盘应是一条钢筋，长度偏差不得超过 50mm。

1）直条筋的弯曲度不影响正常使用，总弯曲率不大于钢筋总长度的 0.4%。

2）钢筋端部应剪切正直，局部变形应不影响使用。

3）钢筋在最大应力下的总伸长率不小于 9%。

4）钢筋弯曲性能应符合现行国家标准，原则上弯曲部位表面不得产生裂纹。

5）表面质量：钢筋表面不得有裂纹、结疤和折叠，表面允许有凸块但不得超过横肋的高度，钢筋表面上其他缺陷的深度和高度不得大于所在部位尺寸的允许偏差。

（2）加工要求

高强钢筋加工原则与普通钢筋加工并无太大区别，只是个别方式及要求有微调：

1）钢筋宜采用机械设备进行调直，也可采用冷拉方法调直。当采用机械设备调直时，调直设备不应具有延伸功能。当采用冷拉方法调直时，HRB400、HRB500 带肋钢筋的冷拉率不宜大于1‰。钢筋调直过程中不应损伤带肋钢筋的横肋。调直后的钢筋应平直，不应有局部弯折。

2）钢筋弯折的弯弧内直径应符合下列规定：

① 直径为 6～25mm、28～40mm、40～50mm 的 400MPa 级带肋钢筋的弯弧内直径分别不应小于钢筋直径的 4 倍、5 倍、6 倍；

② 直径为 6～25mm、28～40mm、40～50mm 的 500MPa 级带肋钢筋的弯弧内直径分别不应小于钢筋直径的 6 倍、7 倍、8 倍；

③ 框架结构的顶层端节点，对梁上部纵向钢筋、柱外侧纵向钢筋在节点角部弯折处，当钢筋直径为 28mm 以下时，弯弧内直径不宜小于钢筋直径的 12 倍，钢筋直径为 28mm 及以上时，弯弧内直径不宜小于钢筋直径的 16 倍；

④ 箍筋弯折处的弯弧内直径尚不应小于纵向受力钢筋直径。

3）钢筋调直后应进行力学性能和重量偏差的检验，其强度应符合有关标准的规定。盘条钢筋和直条钢筋调直后的断后伸长率、重量负偏差应符合表 2-9 的规定。

（3）连接要求

高强钢筋连接方式应根据设计要求和施工条件选用。钢筋的连接可采用绑扎搭接、机械连接或焊接方式。各种连接基本要求与普通钢筋无太大差别，以下几点需特别注意：

1）500MPa 级热轧带肋钢筋不宜采用电渣压力焊的焊接连接形式；HRB500 钢筋的闪光对焊应进行温度控制或焊后热影响区的控制。当钢筋直径小于 18mm 时，宜采用连续闪光焊；当钢筋直径大于等于 18mm 时应采用预热闪光焊或闪光—预热闪光焊。

盘条钢筋和直条钢筋调直后的断后伸长率、重量负偏差

表 2-9

钢筋牌号	断后伸长率 A(%)	重量负偏差		
		直径 6～12mm	直径 14～20mm	直径 22～50mm
HRB400 HRBF400	不小于 16	≤8	≤6	≤5
HRB500 HRBF500	不小于 15			

注：1. 断后伸长率 A 的量测标距为 5 倍钢筋公称直径；
   2. 重量负偏差（%）按公式 $(W_0-W_d)/W_0 \times 100$ 计算，其中 W_0 为钢筋理论重量（kg/m），W_d 为调直后钢筋的实际重量（kg/m）；
   3. 对直径为 28～40mm 的带肋钢筋，表中断后伸长率可降低 1%；对直径大于 40mm 的带肋钢筋，表中断后伸长率可降低 2%；
   4. 采用无延伸功能的机械设备调直的钢筋，可不进行本条规定的检验。

2）闪光焊接 HRB500 钢筋时，顶锻留量宜稍微增大，以确保焊接质量。

3）闪光对焊时，HRB400、HRB500 钢筋的调伸长度宜在 40～60mm 内选用。

4）RRB400 钢筋闪光对焊时，与热轧钢筋比较，应减小调伸长度，提高焊接变压器级数，缩短加热时间，快速顶锻，形成快热快冷条件，使热影响区长度控制在钢筋直径的 0.6 倍范围之内。

5）HRB500 钢筋焊接时，应采用预热闪光焊或闪光—预热闪光焊工艺。当接头拉伸试验结果发生脆性断裂，或弯曲试验不能达到规定要求时，尚应在焊机上进行焊后热处理。

6）对 HRB400 钢筋采用预热闪光焊时，应做到一次闪光，闪平为准；预热充分，频率要高；二次闪光，短、稳、强烈；顶锻过程，快而有力。对 HRB500 钢筋，为避免在焊缝和热影响区产生氧化缺陷、过热和淬硬脆裂现象，焊接时，要掌握好温度、焊接参数，操作要做到一次闪光，闪平为准，预热适中，频率中低；二次闪光，短、稳、强烈；顶锻过程，快而用力得当。

7）对于采用焊接方式连接的细晶粒热轧带肋钢筋和直径大

于 25mm 的 500MPa 级热轧带肋钢筋应进行专门检验。

8）采用电弧焊时，当发现接头中有弧坑、气孔及咬边等缺陷时，应立即补焊。HRB400 钢筋接头冷却后补焊时，应采用氧气乙炔焰预热。

（4）锚固要求

高强钢筋的锚固长度应比 HRB335 钢筋增加 5d，搭接长度和延伸长度也应相应增加，以保证钢筋锚固的安全可靠。增加锚固长度有困难时，可以采用机械锚固措施解决，如在钢筋端部弯钩、贴焊锚筋、焊锚板、墩头等，锚固长度可按直筋锚固长度乘以折减系数 α，α 取值见表 2-10。使用时，在机械锚固措施的锚固长度范围内，混凝土保护层厚度应不小于钢筋直径；箍筋直径不小于锚筋植筋的 1/4，箍筋间距不大于锚筋植筋的 5 倍。当采用弯钩和贴焊筋时，锚头方向宜偏向构件截面内部；如锚固区出于支座范围内，最好将锚头平置，而且受压区钢筋的锚固不宜采用弯钩和贴焊筋的锚固形式。

锚固长度折减系数 　　　　　　　　表 2-10

机械锚固形式	直径	弯钩	贴焊锚筋	墩头	焊锚板
α	1.00	0.65	0.65	0.75	0.75

2.2.2　钢筋焊接网应用技术

1. 钢筋焊接网的概念及发展概况

钢筋焊接网是一种工厂用专门的焊接机焊接成型的网状钢筋制品。纵横向钢筋分别以一定间距相互垂直排列，全部交叉点均用电阻点焊，采用多头电焊机用计算机自动控制生产，焊接前后钢筋的力学性能几乎没有变化。

目前主要采用 CRB550 冷轧带肋钢筋和 HRB400 热轧钢筋制作焊接网。焊接网工程应用较多、技术成熟，主要包括钢筋调直切断技术、钢筋网制作配送技术、布网设计与施工安装技术等。采用焊接网可显著提高钢筋工程质量，大量减少现场钢筋安装工时，缩短工期，适当节省钢材，具有较好的综合经济效益，特别适用于大面积混凝土工程。与 20 世纪五六十年代采用冷拔低碳钢丝生产的用于板类构件构造配筋用的焊接网有很大不同，冷轧带肋钢筋由于三面有横肋，易矫直，圆度好，焊点处纵横向钢筋能很好地熔为一体，是当前国内外最主要的焊接网品种。欧洲有些国家也开始生产热轧带肋钢筋焊接网。在保证延性（例如最大力总伸长率不小于 5%）的前提下，先将热轧带肋钢筋经适当冷拉以提高强度并可减少氧化铁皮，易于焊接及矫直，欧洲有些国家使用此种钢筋焊接网。

2. 钢筋焊接网的技术特点

（1）钢筋工程的现场工作量大部分转到专业化工厂进行，有利于提高建筑工业化水平。

（2）用于大面积混凝土工程，焊接网比手工绑扎网质量提高很多，不仅钢筋间距正确，而且网片刚度大，混凝土保护层厚度均匀，易于控制，明显提高钢筋工程质量。

（3）焊接网的受力筋和分布筋可采用较小植筋，有利于防止混凝土表面的裂缝。国外经验表明，路面配制焊接网可减少龟裂 75% 左右。

（4）大量降低钢筋安装工，比绑扎网少用人工 50%～70% 左右，大大提高施工效率。

总之，钢筋焊接网这种新型配筋形式，具有提高工程质量、节省钢材、简化施工、缩短工期等特点，特别适用于大面积混凝土工程，有利于提高建筑工业化水平。

3. 钢筋焊接网的主要技术指标

（1）主要技术指标

钢筋焊接网技术指标应符合《钢筋混凝土用钢 第 3 部分：钢筋焊接网》GB/T 1499.3—2010 和《钢筋焊接网混凝土结构技术规程》JGJ 114—2014 的规定。

冷轧带肋钢筋的直径宜采用 5～12mm，强度标准值为 550MPa，热轧带肋钢筋的直径宜采用 6～18mm，屈服强度标准值为 400MPa。

焊接网制作方向的钢筋间距宜为 100、150、200mm，与制作方向垂直的钢筋间距宜为 100～400mm，焊接网的最大长度不宜超过 12m，最大宽度不宜超过 3.3m，焊点抗剪力不应小于试件受拉钢筋规定屈服值的 0.3 倍。

（2）钢筋焊接网的性能

1）焊接网钢筋的强度

焊接网的钢筋多采用 HRB400、CRB550、CPB550 等牌号钢筋。这些钢筋强度高，延性较好。CRB550、HRB400 为带肋钢筋，具有较高的握裹力。

2）焊接网焊点的抗剪性能

焊接网焊点具有一定的抗剪能力，使焊接网具有比普通绑扎更为优异的握裹性能。焊点抗剪力以钢筋握裹力的形式体现，使冷拔光面钢筋焊接网中显示出握裹力性能，使其强度与握裹能力相匹配，从而使冷拔光面钢筋焊接网的构造要求得以简化。

3）抗裂能力

钢筋混凝土中混凝土应力超过其抗拉强度时，混凝土内部就会出现裂缝，混凝土握裹力有效时，裂缝将以细而密的形式分布于混凝土中；握裹力失效或部分失效时，裂缝将汇集而使某些裂缝扩展，可能达到影响建筑物使用的程度。焊接网焊点可以提供足够的抗剪力，限制混凝土细微裂缝在各焊点间汇集而使混凝土裂缝宽度扩展，从而改善混凝土裂缝的分布及扩展趋势。焊接网钢筋强度较高，可采用较小的直径和较密的间距，构件单位面积上钢筋根数和焊点数增多，更有利于增强混凝土的抗裂性能和限制裂缝扩展宽度。构件抗裂性能的提高和裂缝较均匀分布，其刚度也相应地有所提高。

4）焊接网的整体性能

钢筋焊接网各焊点将钢筋连成网状整体，使钢筋焊接网混凝土受荷时荷载效应沿纵向和横向扩展，提高其刚度。同时，整片焊接网本身具有一定的刚度和弹性，易于安装、定位，安装后不易受后续工序（如安装预埋件、浇筑混凝土）等的影响而松动、位移、变形和弯折，钢筋焊接网的安装质量明显提高。

4. 钢筋焊接网的混凝土结构设计与构造要求

（1）材料技术要求

1）钢筋焊接网应采用《冷轧带肋钢筋》GB 13788—2008 规定的牌号 CRB550 冷轧带肋钢筋和符合《钢筋混凝土用钢 第2部分：热轧带肋钢筋》GB 1499.2—2007 规定的热轧带肋钢筋。采用热轧带肋钢筋时，宜采用无纵肋的热轧钢筋。每片焊接网宜采用同一类型的钢筋完成。

2）钢筋焊接网可按形状、规格分为定型焊接网和定制焊接网两种。

① 定型焊接网在两个方向上的钢筋间距和直径可以不同，但在同一个方向上的钢筋应具有相同的直径、间距和长度。

② 定制焊接网的形状、尺寸应根据设计和施工要求，由供需双方共同决定。

3）钢筋焊接网的规格宜符合下列规定：

① 钢筋直径：冷轧带肋钢筋或冷拔光面钢筋为 4～12mm，冷加工钢筋植筋在 4～12mm 范围内可采用 0.5mm 进级，受力钢筋宜采用 5～12mm，热轧带肋钢筋宜用 6～16mm。

② 焊接网长度不宜超过 12m，宽度不宜超过 3.3m。

③ 焊接网制作方向的钢筋间距宜为 100、150、200mm，也可采用 125mm 或 175mm，与制作方向垂直的钢筋间距宜为 100～400mm，且宜为 10mm 的整数倍。焊接网的纵向、横向钢筋可以采用不同类型的钢筋。当双向板底网采用双层配筋时，非受力钢筋的间距不宜大于 1000mm。

④ 钢筋焊接网宜用作钢筋混凝土结构构件的受力主筋、构造钢筋以及预应力混凝土结构中的非预应力钢筋。

（2）焊接网的锚固与搭接

带肋钢筋焊接网的锚固长度与钢筋强度、焊点抗剪力、混凝土强度、钢筋外形以及截面单位长度锚固钢筋的配筋量等因素有关。当焊接网在锚固长度内有一根横向钢筋，且此横向钢筋至计算截面的距离不小于50mm时，由于横向钢筋的锚固作用，使单根带肋钢筋的锚固长度减少25％左右。当锚固区内无横筋时，锚固长度按照单根钢筋锚固长度取值。

焊接网的搭接均是两张网片的所有钢筋在同一搭接处完成，国内外几十年的工程实践证明，这种搭接方式是合适的，施工方便，性能可靠。

为了施工方便，加快铺网速度，且当截面厚度也适合时，时常采用叠搭法。此时要求在搭接区内每张网片至少有一根横向钢筋。为了充分发挥搭接区内混凝土的抗剪强度，两网片最外一根横向钢筋的距离不应小于50mm，两片焊接网钢筋末端（对带肋钢筋）之间的搭接长度不应小于最小锚固长度的1.3倍，且不小于200mm。

有时受截面厚度或保护层厚度所限，可采用平搭法，即一张网片的钢筋镶嵌入另一张网片中，使两张网片的受力主筋在同一平面内，构件的有效高度相同，各断面承载力没有突变，当板厚偏小时，平搭法具有一定优势。平搭法只允许搭接区一张网片无横向钢筋，另一张网片在搭接区内必须有横向钢筋，平搭法的搭接长度比叠搭法约增加30％。

（3）板的构造要求

1）板的受力钢筋焊接网不宜在弯矩较大处进行搭接。板深入支座的下部纵向受力钢筋，其间距不应大于400mm，其截面面积不应小于跨中受力钢筋截面面积的1/2，伸入支座的长度不应小于10倍纵向受力钢筋直径，且不宜小于100mm。

2）对嵌固在承重砖墙内的现浇板，其上部焊接网的钢筋深入支座的长度不宜小于110mm。并在网端应有1根横向钢筋（图2-1（a））或将上部受力钢筋弯折（图2-1（b））。

3）板的焊接网配筋应按板的梁系区格布置，尽量减少搭接。单向板底网的受力主筋不宜设置搭接。双向板长跨方向底网搭接宜布置在梁边1/3净跨区段内，满铺网面的搭接宜设置在梁边

图 2-1 板上部受力钢筋焊接网的锚固
(a) 网端有 1 根横向钢筋；(b) 将上部受力钢筋弯折

1/4 净跨区段以外，且面网与底网的搭接宜错开，不宜在同一断面搭接。

（4）墙的构造

焊接网可用作钢筋混凝土房屋结构剪力墙中的分布筋，其适用范围应符合下列规定：

1）可用于无抗震设防要求的钢筋混凝土房屋的剪力墙，以及抗震设防烈度 6 度、7 度和 8 度的丙类混凝土房屋中的框架—剪力墙结构、剪力墙结构、部分框支剪力墙结构和筒体结构中的剪力墙。

2）为方便施工，以竖向焊接网的划分可按一楼层为一个单元，在楼面以上采用平法搭接，且下层焊接网在上部搭接区段可不焊接水平钢筋。考虑到采用平接法搭接冷轧带肋钢筋具有更好的粘结锚固性能，因此对于一、二级抗震等级的剪力墙结构，建议优先选用冷轧带肋钢筋焊接网。

3）当剪力墙结构的分布钢筋采用焊接网时，对一级抗震等级应采用冷轧带肋钢筋焊接网，对二级抗震等级宜采用冷轧带肋钢筋焊接网。

4）当采用冷拔光圆钢筋焊接网作剪力墙的分布筋时，其竖向分布钢筋未焊水平筋的上端应有垂直于墙面的 $90°$ 直钩，直钩长度为 $5d \sim 10d$（d 为竖向分布钢筋直径），且不应小于 50mm。

5）墙体中的钢筋焊接网在水平方向的搭接可采用平搭法或附加搭接网的扣接法（图 2-2）。

图 2-2　焊接网水平方向采用附加搭接网片的扣接法
1—水平分布钢筋；2—竖向分布钢筋；3—附加搭接网片

5. 钢筋焊接网的施工要点

（1）确定各种钢筋焊接网的规格、尺寸和数量的设计要求，结合加工、运输、吊装等设备条件，详细制定各种钢筋焊接网的规格、尺寸和数量，对钢筋焊接网划分，并征得设计部门的认可。

（2）钢筋焊接网的吊装和运输。钢筋焊接网吊装时，吊装重量不宜大于 1t，以防止钢筋焊接网产生过大变形。为加快施工进度，钢筋焊接网装车时应将先使用的放在上面，后使用的放在下面，尽量避免露天堆放，以免锈蚀、变形。运输时应捆扎整齐、牢固，每捆重量不应超过 2t，必要时应加刚性支撑或支架。

（3）进场的钢筋焊接网宜按施工吊装顺序堆放。

（4）施工前根据钢筋网的划分与搭接要求，技术部门详细制定铺设顺序的施工方案。对两端需插入梁内锚固的钢筋焊接网，若钢筋焊接网网片纵向钢筋的直径较小，先把钢筋焊接网中部向上弯曲，使两端能先后插入梁内，然后铺平钢筋焊接网网片。若钢筋焊接网不能弯曲，可把钢筋焊接网的一端减少 1～2 根横向钢筋，先插入该端然后退插另一端，用绑扎方法补回所减少的横向钢筋。

（5）钢筋焊接网搭接时，搭接长度不应小于 $25d$（d 为钢筋直径）且不小于 $250mm$，在搭接处用铁丝绑牢，以保证搭接处的钢筋焊接网在混凝土浇筑过程中不会松开。当板上开洞时，钢筋可在洞口处截断，当洞口尺寸小于 $300mm$ 且截断的钢筋不多于 2 根时，可不另加补强钢筋。当洞口尺寸大于 $300mm$ 或切断的钢筋多于 2 根时，应在洞口两侧加设补强钢筋。补强钢筋的面积按该方向所切断钢筋用等强度换算求得，伸入洞边的锚固长度不应小于20d。

（6）异形混凝土板的处理：有些工程除矩形板混凝土板，还有扇形和三角形混凝土板，受生产工艺的限制，只能加工生产矩形钢筋焊接网。扇形混凝土板钢筋焊接网的处理关键在配料，在配料时将扇形面划分为若干小条，按此分块尺寸加工网片，现场采用搭接方法将其联结成片即可。对于三角形混凝土板，将钢筋焊接网网片按三角形直角边的边长加工成正方形，运至现场后，沿对角线剪开，正好够两个三角形用。

（7）附加钢筋宜在现场进行绑扎，并应符合现行国家标准《混凝土结构工程施工质量验收规范》GB 50204—2015 的有关规定。

（8）钢筋焊接网的搭接、构造，应符合构造规定中的有关规定，两张网片搭接时，在搭接区中心及两端应采用钢丝绑扎牢固。在附加钢筋与焊接连接的每个节点处均应采用钢丝绑扎。

（9）钢筋焊接网安装时，下部网片应设置与保护层厚度相当的水泥砂浆垫块或塑料卡；板的上部网片应在短向钢筋两端，沿长向钢筋方向每隔 600～900mm 设一钢筋支墩。

（10）钢筋焊接网长度和宽度的允许偏差值为 ±25mm，其他安装允许偏差应符合现行国家标准《混凝土结构工程施工质量验收规范》GB 50204—2015 的有关规定。

（11）钢筋焊接网铺设完毕后，应检查钢筋焊接网网片铺设的位置是否对号入座和负弯矩钢筋焊接网网片的高度是否准确，垫块和钢筋支架的数量是否足够，位置是否合理。

（12）钢筋焊接网的铺设应与电气及水道预埋、预留等工种密切配合，一般步骤为：模板架设→框架梁筋绑扎→铺设底层钢筋焊接网→电气管线预埋→面层钢筋焊接网铺设→水道预留洞→补加强钢筋。

（13）由于钢筋焊接网的铺设速度较快，一般在底层钢筋网铺设 1h 后即可紧跟电气管线的预埋工作，电气管线预埋大面积完成后，即开始铺设面层钢筋焊接网，等面层钢筋焊接网铺好后，再安装水道预留盒。

（14）由于先在板上安设好水道预留盒后，钢筋网不能铺设到位，特别是网眼尺寸小于预留盒尺寸时操作更难，即使水道盒尺寸较小，也会影响钢筋焊接网向梁内插进和退插。所以水道预留盒只能在钢筋焊接网铺好后，切割个别钢筋后埋设。

第3章 装配式混凝土建筑

3.1 概述

运到工地的不再是零散的钢筋、混凝土涂料、饰面板，而是一块块的墙板、楼板、楼梯等"零件"；工人不再爬上爬下支模板、搭架子，而是在机械的配合下把这些"零件"组装成一栋栋楼房——这就是装配式建筑，这是建筑产业化所带来的效率革命。

装配式建筑具有工业化水平高、便于冬期施工、减少施工现场湿作业量、减少材料消耗、减少工地扬尘和建筑垃圾、后期维修简单等优点，它有利于实现提高建筑质量、提高生产效率、降低成本、实现节能减排和保护环境的目的。装配式建筑在许多国家和地区，如欧洲、新加坡，以及美国、日本、新西兰等处于高烈度地震区的国家都得到了广泛的应用。在我国，近年来由于节能减排要求的提高，以及劳动力价格的大幅度上涨等因素，预制混凝土构件的应用开始摆脱低谷，呈现迅速上升的趋势。

2014年10月1日，国家颁布实施了《装配式混凝土结构技术规程》JGJ 1—2014，规范中规定：装配式混凝土建筑是指以工厂化生产的混凝土预制构件，通过可靠的连接方式装配而成的混凝土结构，简称装配式建筑（或装配式结构）；装配整体式混凝土建筑是指以工厂化生产的混凝土预制构件，通过可靠的连接方式连接并与现场后浇混凝土、水泥基灌浆料形成整体的装配式混凝土结构。

装配式混凝土建筑依据装配化程度高低可分为全装配和部分装配两大类。全装配建筑一般限制为低层或抗震设防要求较低的多层建筑。部分装配混凝土建筑是主要构件采用预制构件，在现场通过现浇混凝土连接，形成装配整体式结构的建筑；依据预制构件承载特点，又可分为以承重的结构构件为主的装配式混凝土剪力墙结构，和以自承重预制外墙构件为主的内浇外挂式混凝土建筑。

装配式混凝土建筑有如下特点：

（1）主要构件在工厂或现场预制，采用机械化吊装，可与现场各专业施工同步进行，具有施工速度快、工程建设周期短、利于冬期施工的特点。

（2）构件预制采用定型模板平面施工作业，代替现浇结构立体交叉作业，具有生产效率高、产品质量好、安全环保、有效降低成本等特点。

（3）在预制构件生产环节，可采用反打一次成型工艺或立模工艺将保温、装饰、门窗附件等特殊要求的功能高度集成，减少了物料损耗和施工工序。

（4）由于对从业人员的技术管理能力和工程实践经验要求较高，装配式建筑的设计施工应做好前期策划，具体包括工期进度计划、构件标准化深化设计及资源优化配置方案等。

3.2 装配式混凝土结构的适用范围

根据《装配式混凝土结构技术规程》JGJ 1—2014 规定，装配整体式结构房屋的适用范围如下（表 3-1、表 3-2）。

装配整体式结构房屋的最大适用高度（m）　　　　表 3-1

结构类型	非抗震设计	抗震设防烈度			
		6 度	7 度	8 度(0.2g)	8 度(0.3g)
装配整体式框架结构	70	60	50	40	30
装配整体式框架-现浇剪力墙结构	150	130	120	100	80

结构类型	非抗震设计	抗震设防烈度			
		6度	7度	8度(0.2g)	8度(0.3g)
装配整体式剪力墙结构	140(130)	130(120)	110(100)	90(80)	70(60)
装配整体式部分框支-现浇剪力墙结构	120(110)	110(100)	90(80)	70(60)	40(30)

注：1. 房屋高度指室外地面到主要屋面的高度，不包括局部突出屋面的部分；
2. 当预制剪力墙构件底部承担总剪力大于该层总剪力的80%时，最大适用高度取括号内数值。

高层装配式整体结构适用的最大高宽比 表 3-2

结构类型	非抗震设计	抗震设防烈度	
		6度、7度	8度
装配整体式框架结构	5	4	3
装配整体式框架-现浇剪力墙结构	6	6	5
装配整体式剪力墙结构	6	6	5

3.3 装配式混凝土结构的主要材料

装配式混凝土结构的主要材料包括：混凝土、钢筋和钢材、连接材料以及其他材料等。

3.3.1 混凝土、钢筋和钢材

《装配式混凝土结构技术规程》JGJ 1—2014 规定，装配整体式混凝土结构中所用混凝土、钢筋和钢材的力学性能指标及耐久性要求等应符合现行国家标准《混凝土结构设计规范》GB 50100—2010 和《钢结构设计规范》GB 50017—2003 的规定。

预制构件的混凝土强度等级不宜低于 C30；预应力混凝土预制构件的混凝土强度等级不宜低于 C40，且不应低于 C30；现浇混凝土的强度等级不应低于 C25。

普通钢筋采用套筒灌浆连接和浆锚搭接连接时，钢筋应采用热轧带肋钢筋；钢筋焊接网应符合现行行业标准《钢筋焊接网混凝土结构技术规程》JGJ 114—2014 的规定；预制构件的吊环应采用未经冷加工的 HPB300 钢筋制作；吊装用内埋式螺母或吊杆的材料应符合国家现行相关标准的规定，吊环钢筋直径、吊点位置需要经过设计单位复核确定。

3.3.2 连接材料

装配式混凝土结构常用的连接材料主要有钢筋连接用灌浆套筒和灌浆料。

1. 钢筋连接用灌浆套筒

钢筋连接用灌浆套筒包括全灌浆套筒和半灌浆套筒两种形式。前者两端均采用灌浆方式与钢筋连接，后者一端采用灌浆方式与钢筋连接，而另一端采用非灌浆方式与钢筋连接（通常采用螺纹连接），如图 3-1 所示。钢筋连接用灌浆套筒应符合现行行业标准《钢筋连接用灌浆套筒》JG/T 398—2012 的规定。

图 3-1　灌浆接头结构示意
（a）全灌浆接头；（b）半灌浆接头

2. 钢筋连接用灌浆套筒灌浆料

钢筋连接用灌浆套筒灌浆料是以水泥为基本材料，配以适当的细骨料以及混凝土外加剂和其他材料组成的干混料，加水搅拌后具有流动性良好、早强、高强、微膨胀等特点，灌注在连接套筒和带肋钢筋的间隙内。

装配式混凝土结构应用的其他材料还包括外墙板接缝处的密封材料、保温材料、预埋件、室内和室外装饰材料等，它们都应符合《装配式混凝土结构技术规程》JGJ 1—2014 及相关标准规范的要求。

3.4 装配式混凝土结构的基本构件

装配式混凝土结构的构件通常在工厂预制，待强度符合规定要求后运输至现场进行装配施工。基本构件主要包括柱、梁、剪力墙、楼（屋）面板、楼梯、阳台、空调板、女儿墙等。

3.4.1 预制混凝土柱

预制柱外观多种多样，包括矩形、圆形和工字形等，预制柱的设计应符合现行国家标准《混凝土结构设计规范》GB 50010—2010 要求，且柱纵向受力钢筋直径不宜小于 20mm，矩形柱截面宽度或圆柱直径不宜小于 400mm，如图 3-2 所示。

图 3-2　预制混凝土柱

3.4.2 预制混凝土梁

预制混凝土梁可分为实心梁、叠合梁两类。实心梁制作简单，但构件自重较大，多用于厂房和多层建筑中。叠合梁即为在装配整体式结构中分两次浇捣混凝土的梁，第一次在预制场内进行，做成预制梁；第二次在施工现场进行，当预制楼板搁置在预制梁上之后，再浇捣梁上部的混凝土使楼板和梁连接成整体。叠合梁便于预制柱和叠合楼板连接，整体性较强，应用较广，如图3-3所示。

图3-3　预制混凝土梁

3.4.3　预制混凝土剪力墙

预制混凝土剪力墙可分为实心剪力墙和叠合剪力墙。预制混凝土夹心保温剪力墙是实心剪力墙的一种，结构保温一体化，保温隔热层与内外叶之间采用拉结件连接，如图3-4所示。

(a)　　　　　　　　　　　　　　　(b)

图3-4　预制实心剪力墙
（a）普通实心剪力墙；（b）夹心保温剪力墙

预制叠合剪力墙是指一侧或两侧均为预制混凝土墙板，在另一侧或中间部位现浇混凝土从而形成共同受力的剪力墙结构，它

图 3-5　预制叠合剪力墙

具有制作简单，施工方便等优势，如图 3-5 所示。

3.4.4　预制混凝土楼（屋）面板

预制混凝土楼（屋）面板可分为叠合板（图 3-6）、实心板、空心板（图 3-7）、双 T 板（图 3-8）等几种。

(a)

(b)

图 3-6　预制混凝土叠合楼板

(a) 桁架钢筋混凝土叠合板；(b) 带肋底板混凝土叠合楼板

预制混凝土叠合板最常见的主要有两种，一种是桁架钢筋混凝土叠合板，另一种是带肋底板混凝土叠合楼板，如图 3-6 所示。

图 3-7　预制混凝土空心板

图 3-8　预制混凝土双 T 板

3.4.5　预制混凝土楼梯

预制混凝土楼梯可以避免在施工现场支模，节约了工期，如图 3-9 所示。

图 3-9　预制楼梯

3.5　混凝土预制构件的检验

预制构件进场，使用方应重点检查结构性能检验、预制构件的粗糙面的质量及键槽的数量等是否符合设计要求，并按要求进行进场验收，检查供货方所提供的材料。预制构件的质量、标识应符合设计要求和现行国家相关标准规定。

预制构件应在明显部位标明生产单位、构件编号、生产日期和质量验收标识。构件上的预埋件、插筋和预留孔洞的规格、位置和数量应符合标准图或设计的要求。产品合格证、产品说明书等相关的质量证明文件齐全，与产品相符。

预制构件的外观质量不应有严重缺陷，且不宜有一般缺陷。对已经出现的一般缺陷，应按技术方案进行处理。预制构件外观质量判定方法应符合表 3-3 的规定。

预制构件外观质量判定方法　　　表 3-3

项目	现象	质量要求	判定方法
露筋	钢筋未被混凝土完全包裹而外露	受力主筋不应有，其他构造钢筋和箍筋允许少量	观察
蜂窝	混凝土表面石子外露	受力主筋部位和支撑点位置不应有，其他部位允许少量	观察
孔洞	混凝土中孔穴深度和长度超过保护层厚度	不应有	观察
夹渣	混凝土中夹有杂物且深度超过保护层厚度	禁止夹渣	观察
内、外形缺陷	内表面缺棱掉角、表面翘曲、抹面凹凸不平，外表面面砖粘结不牢、位置偏差、面砖嵌缝没有达到横平竖直，转角面砖棱角不直、面砖表面翘曲不平	内表面缺陷基本不允许，要求达到预制构件允许偏差；外表面仅允许极少量缺陷，但禁止面砖粘结不牢、位置偏差、面砖翘曲不平超过允许值	观察
内、外表缺陷	内表面麻面、起砂、掉皮、污染，外表面面砖污染、窗框保护纸破坏	允许少量污染不影响结构使用功能和结构尺寸的缺陷	观察
连接部位缺陷	连接处混凝土缺陷及连接钢筋、拉结件松动	不应有	观察
破损	影响外观	影响结构性能的破损不应有，不影响结构性能和使用功能的破损不宜有	观察
裂缝	裂缝贯穿保护层到达构件内部	影响结构性能的裂缝不应有，不影响结构性能和使用功能的裂缝不宜有	观察

预制构件的允许尺寸偏差及检验方法见表 3-4。

预制构件尺寸允许偏差及检验方法　　　　　表 3-4

项　　　目			允许偏差(mm)	检验方法
长度	板、梁、柱、桁架	＜12m	±5	尺量检查
		≥12m 且＜18m	±10	
		≥18m	±20	
	墙板		±1	
宽度、高(厚)度	板、梁、柱桁架截面尺寸		±5	钢尺量一端及中部,取其中偏差绝对值较大处
	墙板的高度、厚度		±3	
表面平整度	板、梁、柱、墙板内表面		5	2m 靠尺和塞尺检查
	墙板外表面		3	
侧向弯曲	板、梁、柱		$l/750$ 且≤20	拉线、钢尺量最大侧向弯曲处
	墙板、桁架		$l/1000$ 且≤20	
翘曲	板		$l/750$	调平尺在两端量测
	墙板		$l/1000$	
对角线差	板		10	钢尺量两个对角线
	墙板、门窗口		5	
挠度变形	梁、板、桁架设计起拱		±10	拉线、钢尺量最大弯曲处
	梁、板、桁架下垂		0	
预留孔	中心线位置		5	尺量检查
	孔尺寸		±5	
预留洞	中心线位置		10	尺量检查
	洞口尺寸、深度		±10	
门窗口	中心线位置		5	尺量检查
	宽度、高度		±3	
预埋件	预埋件锚板中心线位置		5	尺量检查
	预埋件锚板与混凝土面平面高差		0,-5	

79

项 目		允许偏差(mm)	检验方法
预埋件	预埋螺栓中心线位置	2	尺量检查
	预埋螺栓外露长度	+10，-5	
	预埋套筒、螺母中心线位置	2	
	预埋套筒、螺母与 混凝土面平面高差	0，-5	
	线管、电盒、木砖、吊环在 构件平面的中心线位置偏差	20	
	线管、电盒、木砖、吊环与 构件表面混凝土高差	0，-10	
预留插筋	中心线位置	3	尺量检查
	外露长度	+5，-5	
键槽	中心线位置	5	尺量检查
	长度、宽度、深度	±5	

注：1. l 为构件最长边的长度（mm）；

2. 检查中心线、螺栓和孔道位置偏差时，应沿纵横两个方向量测，并取其中偏差较大值。

3.6 混凝土预制构件的连接

混凝土预制构件的连接主要是指钢筋和混凝土的连接。

3.6.1 钢筋连接

装配整体式结构中，节点及接缝处的纵向钢筋连接宜根据接头受力、施工工艺等要求选用机械连接、套筒灌浆连接、浆锚搭接连接、焊接连接、绑扎搭接连接等连接方式，并应符合国家现行有关标准的规定。

1. 套筒灌浆连接

套筒灌浆连接主要适用于预制剪力墙、预制柱等构件的纵向钢筋连接，也可用于叠合梁等后浇部位的纵向钢筋连接，如图3-10 所示。

图 3-10　套筒灌浆连接

(a) 框架梁；(b) 框架柱

纵向钢筋采用套筒灌浆连接时，应符合下列规定：

（1）接头应满足《钢筋机械连接技术规程》JGJ 107—2016中Ⅰ级接头的性能要求；

（2）预制剪力墙中钢筋接头处套筒外侧钢筋的混凝土保护层厚度不应小于 15mm，预制柱中钢筋接头处套筒外侧箍筋的混凝土保护层厚度不应小于 20mm；

（3）套筒之间的净距不应小于 25mm。

2. 浆锚搭接连接

浆锚搭接连接是在竖向结构上预留孔洞，孔洞内壁留螺纹状粗糙面，周围配螺旋箍筋，上部构件将下部钢筋插入孔洞内，通过灌浆孔注入灌浆料，直至排气孔溢出停止灌浆，将两部分连接为一体，如图 3-11 所示。

浆锚搭接连接时，要对预留孔成孔工艺、孔道形状和长度、构造要求、灌浆料和被连接钢筋，进行力学性能以及适用性的试验验证。其中，直径大于 20mm 的钢筋不宜采用浆锚搭接连接，直接承受动力荷载构件的纵向钢筋不应采用浆锚搭接连接。

图 3-11　浆锚搭接示意
1—预埋钢筋；2—排气孔；3—波纹状孔洞；4—螺旋加强筋；
5—灌浆孔；6—弹性橡胶密封圈；7—被连接钢筋

3.6.2　混凝土连接

混凝土连接主要是指预制构件与后浇混凝土、灌浆料、坐浆材料的连接。结合面应设置粗糙面、键槽，并应符合下列规定：

（1）预制板与后浇混凝土叠合层之间的结合面应设置粗糙面。

（2）预制梁与后浇混凝土叠合层之间的结合面应设置粗糙面；预制梁端面应设置键槽，且宜设置粗糙面。键槽的尺寸和数量应符合相关规范规定；键槽的深度不宜小于 30mm，宽度不宜小于深度的 3 倍且不宜大于深度的 10 倍；键槽可贯通截面，当不贯通时槽口距离截面边缘不宜小于 50mm；键槽间距宜等于键槽宽度；键槽端部斜面倾角不宜大于 30°，如图 3-12 所示。

（3）预制剪力墙的顶部和底部与后浇混凝土的结合面应设置粗糙面；侧面与后浇混凝土的结合面应设置粗糙面，也可设置键

图 3-12　键槽端部
(*a*) 键槽贯通截面；(*b*) 键槽不贯通截面
1—键槽；2—梁端面

槽；键槽深度不宜小于 20mm，宽度不宜小于深度的 3 倍且不宜大于深度的 10 倍，键槽间距宜等于键槽宽度，键槽端部的斜面倾角不宜大于 30°。

（4）预制柱的底部应设置键槽且宜设置粗糙面，键槽应均匀布置，键槽深度不宜小于 30mm，键槽端部斜面倾角不宜大于30°。柱顶应设置粗糙面。

（5）粗糙面的面积不宜小于结合面的 80%，预制板的粗糙面凹凸深度不应小于 4mm，预制梁端、预制柱端、预制墙端的粗糙面凹凸深度不应小于 6mm。

3.7　混凝土预制构件的运输与堆放

施工时应制定预制构件的运输与堆放方案，其内容应包括运输时间、次序、堆放场地、运输线路、固定要求、堆放支垫及成品保护措施等。对于超高、超宽、形状特殊的大型构件的运输与堆放应有专门的质量安全保障措施。

3.7.1　运输

预制构件的运输车辆应满足构件尺寸和载重要求，装卸与运输时应符合下列规定：

（1）装卸构件时，应采取保证车体平衡的措施。

（2）运输构件时，应采取防止构件移动、倾倒、变形等的固定措施，应采取防止构件损坏的措施。

（3）对构件边角部和锁链接触处的混凝土，宜设置保护衬垫。

3.7.2 堆放

构件堆放场地的布置原则如下：

（1）堆放场地应平整、坚实，并应有排水措施。

（2）堆放场地宜环绕或沿所建构筑物纵向布置，其纵向宜与通行道路平行布置，构件布置遵循"先用靠外，后用靠里，分类依次并列放置"的原则。

（3）预制构件应按规格型号、出厂日期、使用部位、吊装顺序分类存放，且标识清晰。为便于后期吊运作业，预埋吊环宜向上，标识向外。

（4）不同类型构件之间应留有不少于 0.7m 的人行通道，预制构件装卸、吊装工作范围内不应有障碍物，并满足预制构件吊装、运输、使用、周转等工作需求。

（5）构件支垫应坚实，垫块在构件下的位置宜与脱模、吊装时的起吊位置一致。

（6）预制混凝土构件与刚性搁置点之间应设置柔性垫片，防止损伤成品构件。

（7）对于易损伤、污染的预制构件，应采取合理的防潮、防雨、防边角损伤措施。保证构件之间留有不小于 200mm 的间隙，垫木应对称合理放置且表面应覆盖塑料薄膜；外墙门框、窗框和带外装饰材料的构件表面宜采用塑料贴膜或者其他防护措施；钢筋连接套管和预埋螺栓孔应采取封堵措施。

（8）重叠堆放构件时，每层构件间的垫块应上下对齐，堆垛层数应根据构件、垫块的承载力确定，并应根据需要采取防止堆垛倾覆的措施。

（9）堆放预应力构件时，应根据构件起拱值的大小和堆放时间采取相应措施。

（10）构件堆场应满足施工流水段的装配要求，且应满足大型运输构件车辆、汽车起重机的通行、装卸要求。为保证现场施工安全，构件堆场应设围挡，防止无关人员进入。

（11）为防止因运输车辆长时间停留影响现场内道路的畅通、阻碍现场其他工序的正常作业施工，装卸点应在塔式起重机或者起重设备的塔臂覆盖范围之内，且不宜设置在道路上。

1. 墙板

墙板宜采用专用支架对称插放或靠放存放，支架应有足够的刚度，并支垫稳固。预制墙板宜对称靠放、饰面朝外，且与地面倾斜角不宜小于 80°，构件与刚性搁置点之间应设置柔性垫片，防止损伤成品构件，如图 3-13 所示。

2. 板类构件

板类构件可重叠堆放，堆叠层数及高度应按构件、垫块的强

图 3-13 墙板堆放

度、地面耐压力以及堆垛的稳定性确定，每层构件间的垫块应上下对齐，构件层与层之间应垫平、垫实，最下面一层支垫应通长设置，吊环向上，标识向外。楼板、阳台板预制构件储存宜平放，采用专用存放架支撑，叠放储存不宜超过 6 层，如图 3-14 所示。

图 3-14　板类构件堆放

3. 梁、柱

梁、柱等构件宜水平堆放，吊环朝上，且采用不少于两条垫木支撑，构件底层支垫高度不低于 100mm，且应采取有效的防护措施，如图 3-15 所示。

图 3-15　梁、柱构件图

3.8　装配式混凝土结构工程施工

装配式结构施工前应制定施工组织设计、施工方案；施工组织设计的内容应符合现行国家标准《建筑工程施工组织设计规范》GB/T 50502—2009 的规定；施工方案应结合结构深化设计、构件制作、运输和安装全过程各工况的验算，以及施工吊装与支撑体系的验算等进行制定，内容应包括构件安装及节点施工方案、构件安装的质量管理及安全措施等。

3.8.1 施工现场布置

施工现场要结合装配式建筑施工的特点，根据预制构件单件的重量以及起重设备覆盖范围合理布置平面，规划好预制构件堆放区域，减少二次搬运，且构件堆放区域宜单独隔离设置，禁止无关人员进入。

1. 道路布置

施工现场宜考虑周边路网情况，设置两个以上大门，大门的高度和宽度应满足大型运输构件车辆通行要求。

施工现场道路应考虑转弯半径和坡度限制，把仓库、加工厂、构件堆场和施工点贯穿起来，按货运量大小设计双行干道或单行循环道，满足运输和消防要求，主干道宽度不小于 6m。构件堆场端头处应有 12m×12m 车场，消防车道不小于 4m，构件运输车辆转弯半径不宜小于 15m。

2. 机械设备布置

塔式起重机布置时，应充分考虑其塔臂覆盖范围，塔式起重机端部吊装能力，单体预制构件的重量，预制构件的运输、堆放以及构件装配施工。

3. 构件堆场布置

装配式混凝土结构施工，构件堆场在施工现场占有较大的面积。应对预制构件进行分类布置，放置场地宜为混凝土硬化地面或经人工处理的自然地坪，满足平整度、地基承载力要求，避免发生由于场地原因造成构件开裂损坏的问题。存放场地应设置在吊车的有效起重范围内，且场地应有排水措施。

图 3-16 为某工程施工现场平面布置图。

办公区平面布置

临时围墙

构件堆放区

临时道路

构件堆放区

临时道路

构件堆放区

临时道路

构件堆放区

临时道路

临时道路

构件堆放区

临时道路

临时院墙

构件堆放区

临时道路

大门

喷绘围挡

临时道路

构件堆放区

临时道路

临时道路

13m

临时道路

变电室

图 3-16 某工程施工现场装卸点平面布置图

88

3.8.2 施工流程

施工流程如图 3-17 所示。

图 3-17 施工流程

(a) 装配整体式框架结构施工流程图；

(b) 装配整体式剪力墙结构施工流程图

3.8.3 安装与连接

预制构件的安装顺序、校准定位及临时固定措施是装配式结构施工的关键。

安装施工前应核实现场环境、天气、道路状况等满足施工要求。核对已施工完成结构的混凝土强度、外观质量、尺寸偏差等符合国家标准《混凝土结构工程施工规范》GB 50666—2011 和《装配式混凝土结构技术规程》JGJ 1—2014 的有关规定；核对预制构件的混凝土强度及预制构件和配件的型号、规格、数量等符合设计要求。

预制构件吊装就位前，进行测量放线、设置构件安装定位标识；复核构件装配位置、节点连接构造及临时支撑方案等；检查复核吊装设备及吊具处于安全操作状态，施工中吊装用吊具应根据构件形状、尺寸及重量等参数进行配置，按国家现行有关标准的规定进行设计、验算或试验检验。复杂结构宜选择有代表性的单元进行预制构件试安装，并应根据试安装结果，及时调整完善施工方案和施工工艺。

预制构件吊装就位前，应在构件上标明吊装顺序和编号，便于吊装工人辨认。检查套筒、预留孔的规格、位置、数量和深度，检查被连接钢筋的规格、数量、位置和长度。清理套筒、预留孔内杂物。当连接钢筋倾斜时，应进行校直。连接钢筋偏离套筒或空洞中心线不宜超过 5mm。清洁结合面，墙、柱构件底部设置可调整接缝厚度和底部标高的垫块。

预制构件吊装就位时，借助定位标识确定、调整构件位置。就位后，应及时校准并采取临时固定措施，如图 3-18 所示。

采用钢筋套筒灌浆连接接头、钢筋浆锚搭接连接接头应按检验批划分要求及时灌浆，灌浆作业应符合国家现行有关标准及施工方案的要求，并应符合下列规定：

（1）灌浆施工时，环境温度不低于 5℃；当连接部位养护温度低于 10℃时，应采取加热保温措施；

（2）灌浆操作全过程应有专职检验人员负责旁站监督，并及时形成施工质量检查记录；

（3）应按产品使用说明书的设计要求计量灌浆料和水的用量，并搅拌均匀；每次拌制的灌浆料拌合物应进行流动度的检

图 3-18　装配式混凝土结构工程施工

测，且其流动度应满足《装配式混凝土结构技术规程》JGJ 1—2014 的要求；

（4）灌浆作业应采用压浆法从下口灌注，当浆料从上口流出后应及时封堵，必要时可设分仓进行灌浆；

（5）灌浆料拌合物应在制备后 30min 内用完。

钢筋套筒灌浆前，应在现场模拟构件连接接头的灌浆方式，每种规格钢筋制作不少于 3 个套筒灌浆连接接头，进行灌注质量以及接头抗拉强度的检验；经检验合格后，方可进行灌浆作业。

钢筋套筒灌浆连接接头和浆锚搭接接头的施工质量是保证预制构件连接性能的关键控制点，施工人员应经专业培训合格后上岗操作。

预制构件连接部位后浇混凝土及灌浆料的强度达到设计要求

后，方可拆除临时固定措施。

在装配式结构的施工全过程中，应采取防止预制构件及预制构件上的建筑附件、预埋件、预埋吊环等损伤或污染的保护措施。未经设计允许不得对预制构件进行切割、开洞。

3.8.4 其他注意事项

（1）预制混凝土楼（屋）面板应有抗裂措施。适当增加钢筋直径，减少钢筋间距。

（2）由于楼梯阴角部位容易产生裂缝，预制楼梯需要加强混凝土养护措施。

（3）在预制构件吊装过程中，需要采用专用平衡梁进行吊装。

（4）对于预制楼梯、预制剪力墙等单件重量较大的预制构件，建议在预制构件内部提前埋设吊环。

第4章　外墙外保温装饰一体化施工技术

4.1　概述

保温装饰板是由装饰面板同保温材料经胶粘等工艺加工复合而成的一种预制板材。保温装饰板外墙外保温系统是指固定于建筑物外墙外侧的保温装饰一体化产品，由保温装饰板、胶粘剂、密封胶、锚固件、填缝材料等组成。外墙外保温装饰一体化施工是将保温装饰板及各种组成材料，通过工程现场组合、拼装及施工安装而固定在外墙外表面上的施工过程。一次施工就可完成保温和装饰两个工序，既满足了墙体节能要求，又确保了外墙立面装饰效果。

外墙外保温装饰一体化施工工法具有以下特点：

（1）现场施工工序简便，工程施工质量有保障。由于保温装饰板是集中在工厂加工，在施工现场安装，把传统的现场人为不确定、不可控的因素都集中在工厂采用机械化予以解决，避免了外墙饰面层、保温层的空鼓、开裂、渗漏等质量通病，大大提高了施工质量。

（2）施工工艺简便，工期短，成本低。与传统工艺相比较，该工法将保温和装饰两个施工过程合二为一，现场一次安装即可完成保温和装饰两个工序，从而大大简化了施工工序，省去了工序间隔的时间，有效缩短了施工工期，降低了施工成本。同时由于施工质量有保障，可大大降低后期使用阶段的维修费用。

（3）绿色环保，节约能耗。该工法的产品是在工厂集中加工生产，简化了现场施工工序，大大降低了现场建筑垃圾的产生，一体化板材的边角余料可回收进行二次利用，符合绿色环保施工要求。

保温装饰板施工方法根据保温装饰板的类别和工程需求确定。按照保温装饰板与基层墙体的连接方式，可划分为以粘结为主的粘锚法和以机械锚固为主的机械锚固法。

4.2 材料

保温装饰板按面层材料可分为金属保温装饰板（铝及铝合金板、彩涂钢板、喷塑铝板等）及非金属保温装饰板（陶瓷面板、薄大理石板、薄花岗岩板、玻纤网水泥平板涂料装饰板、水泥压力板涂料装饰板和硅酸钙板涂料装饰板等），与之复合的保温板包括阻燃型聚苯乙烯泡沫板、阻燃型聚氨酯泡沫板、阻燃型酚醛树脂泡沫板等难燃材料以及不燃的岩（矿）棉板等。无论金属保温装饰板还是非金属保温装饰板，均要求达到防水、抗开裂效果，均需满足以下要素：

（1）预制板要做好防水处理，这包括工地现场板材现场切割后的防水处理；

（2）面板不开裂；

（3）板缝不开裂；

（4）吸水率要低。

保温装饰板应采用胶粘剂与基层粘贴，胶粘剂一般采用聚合物砂浆，即用无机和有机胶结材料、砂及其他外加剂配置而成的粘结剂。聚合物砂浆应由专人配制，应严格按照产品使用说明书的要求配置，计量准确，配置好的材料应在 1.5h 内用完，严禁过时使用。

保温装饰板外墙外保温工程采用的材料，在施工过程中应采取防潮、防水、防火等保护措施。材料进入施工现场后，应进行进场验收，并按规定取样复验；各类材料应分类贮存，贮存期及条件应符合产品使用说明书的规定，应防雨、防暴晒、防火，且不宜露天存放，对在露天存放的材料，应搭帐篷或防雨帆布遮盖。保温装饰板堆放应平置，场地应平整。砂浆类材料应防潮、防雨，且在保质期内使用。

4.3 施工机具

外墙外保温装饰一体化施工常用的施工机具包括：垂直运输机械、手推车、电动吊篮或脚手架、外接电源设备、电动搅拌器、开槽器、角磨机、电锤、手锤、称量衡器、密齿手锯、壁纸刀、剪刀、螺丝刀、钢丝刷、腻子刀、抹子、阴阳角抿子、托线板、2m靠尺以及墨斗等。

施工用的各种机具应由专人管理和使用，应定期维护校验。施工单位应根据设备的特点，制定机具的清洁保养计划，以确保施工质量和进度。施工中应采用电动搅拌器进行粘结砂浆的混合调配；应采用台式切割机进行保温装饰板的裁切。弹线及安装施工宜选用脚手架作为支撑保护机具，在无法采用脚手架时可采用吊篮。

4.4 施工条件与准备

保温装饰板外墙外保温工程施工前应具备下列条件：

（1）施工前应在现场采用相同材料和工艺制作样板墙或样板件，经有关各方确认后方可进行施工。

（2）基层墙体施工质量验收合格。基层墙体表面质量影响粘结牢固程度，对保证安全和节能效果很重要，其可粘结性受表面清洁状况、所用材料、施工工艺等影响很大，保温层施工前应进行基层处理，墙体基层不得有浮灰、空鼓、开裂等现象，其附着力和墙体自身强度应满足设计要求。基层表面处理属于隐蔽工程，施工中容易被忽略，事后无法检查，因此施工过程中应全数检查，验收时应核查隐蔽工程验收记录。基层的尺寸偏差可参考表 4-1 的要求。

外墙基面的允许尺寸偏差　　　　　　　　表 4-1

工程做法	项　目			允许偏差(mm)	
砌体工程	墙面垂直度	每层		5	2m 托线板检查
		全高	≤10m	10	经纬仪或吊线检查
			>10m	20	
	表面平整度			5	2m 直尺和楔形塞尺检查
混凝土工程	墙面垂直度	层间	≤5m	8	经纬仪或吊线检查
			>5m	10	
		全高		$h/1000$ 且≤30	
	表面平整	2m 长度		5	2m 直尺和楔形塞尺检查

当基层墙体不满足表 4-1 的要求时，应按照以下方法进行处理：

（1）对新建工程，墙面的混凝土残渣和脱模剂必须清理干净，墙面平整度超过允许偏差部分，应剔凿或修补。

（2）旧房进行外保温施工时，应彻底清理不能保证粘结强度的原外墙面层（爆皮、粉化、松动的原外装饰面层、出现裂缝空鼓的抹灰面层），修补缺陷，加固找平。

（3）外门窗洞口应通过验收，洞口尺寸、位置应符合设计要求和质量要求。门窗框或辅框应安装完毕。

（4）伸出墙面的消防梯、落水管、各种进户管线和空调器等的预埋件、连接件应安装完毕，并应考虑保温装饰板厚度对构件的影响，按外墙外保温系统厚度留出间隙。

（5）施工前弹出分格线、门窗洞口控制线和楼层水平线，外墙大角挂垂直基准线。

（6）保温装饰板外墙外保温工程施工期间以及完工后 24h 内，基层及环境空气温度应不低于 5℃。夏季应避免阳光暴晒。在 4 级以上大风天气和雨天不得施工。对粘结为主、锚固为辅的保温装饰板外墙外保温系统，5℃以下的气温会使水泥基粘结砂浆强度增长缓慢，聚合物成膜困难；夏季暴晒会使水泥砂浆找平层和水泥基粘结砂浆失水过快，不利于砂浆养护，导致最终强度降低；4级以上的大风或雨、雪天气也会造成对施工造成不利，因而均不得施工。

4.5 粘锚法施工工艺

粘锚法是采用建筑胶粘剂和锚固件将保温装饰板牢固地固定在建筑外墙上的一种施工方法，保温装饰板与建筑外墙的连接以胶粘剂粘结为主，以锚固件锚固为辅，其结构形式分为保温装饰板与锚固件一体式（图4-1）、分体式（图4-2）两种。

图 4-1 保温装饰板与锚固件一体式

1—基层墙体；2—粘结层；3—锚固件；4—保温装饰板；

5—嵌缝材料；6—嵌缝胶

根据工程进度及现场情况，安装外墙外保温板应由下到上施工，进行流水作业。粘锚法施工工艺见图4-3。

图 4-2 保温装饰板与锚固件分体式

1—基层墙体；2—粘结层；3—锚固件；4—保温装饰板；

5—嵌缝泡沫材料；6—嵌缝胶

图 4-3 粘锚法施工工艺

粘锚法主要包括以下施工过程：

（1）基层处理

保温层施工前应进行基层处理，应将门窗框、雨水管卡、预埋铁件、设备穿墙管道等提前安装好，并考虑到保温装饰板厚度对构件的影响，预留出保温装饰板的厚度。

基层墙体结构应符合《混凝土结构工程施工质量验收规范》GB 50204—2015 和《砌体工程施工质量验收规范》GB 50203—2011 的要求。墙体偏差以及存在凸起、空鼓、疏松和有碍粘贴的污物应剔除，并用砂浆找平。

（2）测量放线

在处理完毕符合要求的基层墙体上，根据建筑立面设计和外墙外保温技术要求，在墙面弹出外门窗口水平、垂直控制线及膨胀缝线、装饰缝线等。

（3）挂基准线

在建筑外墙大角（阳角、阴角）及其他必要处挂垂直基准线，每个楼层适当位置挂水平线，以控制外保温板的垂直度和平整度。

（4）配制胶粘剂

根据生产厂使用说明书提供的配合比配制，专人负责，严格计量，机械搅拌，确保搅拌均匀。配好的料注意防晒避风，一次配制量应在可操作时间内用完。

（5）按产品供应商和设计要求的尺寸，在工程进行前应将保温装饰板进行预排列并编号、标记。阴阳角等异型部位可现场裁切或采用预制异型板，在整个墙面的边角处安装板时，应采用大于 300mm 的板，但板的拼缝不宜留在门窗口的边缝处。保温装饰板的板缝应采用弹性的密封胶处理，纵向施工由下而上，横向施工则是先阳角后阴角。

（6）保温装饰板的粘贴应四边密封，粘结面积率应保证不小于设计和施工方案的要求，通常，50m 以下时，粘结面积不小于 50%；50m 以上，粘结面积不小于 70%。不得在板的侧面涂抹胶粘剂。

（7）粘板时应按水平顺序操作，上下应错缝粘贴，阴阳角应错茬处理，粘板应轻柔、均匀挤压保温装饰板，随时用 2m 靠尺和拖线板检查平整度和垂直度。粘板时注意清除板边溢出的粘结剂，使板与板之间板缝控制在 10~15mm。

（8）外门窗口应按设计要求预制特殊尺寸的保温装饰板进行粘贴锚固，下沿线必须做出外斜度流水坡度，上沿线必须做出内斜度滴水坡度，如图 4-4 所示。

图 4-4　窗台处理节点图

（9）锚固件安装

锚固件安装应用电锤（冲击钻）打孔，孔径视锚固件插孔直径而定，混凝土结构内锚固不小于 30mm，砌体内锚固不小于 50mm，拧入或敲入锚钉，锚钉头不得超过板面。

（10）增强层做法

在建筑物首层和其他需要加强的部位（如女儿墙），应按照防冲撞和防水的设计要求进行处理，采用抗冲击面层保温装饰板。女儿墙部位要做好外侧、顶端和内侧的保温防水密封工作，与屋面防水工程接口处要处理好，不得渗漏，如图4-5所示。

图 4-5　女儿墙处理节点图

（11）板缝的处理

在保温装饰板系统中，板缝同装饰缝基本相同，板缝均需密封处理。在处理板缝时，在缝间填塞泡沫塑料保温棒（PE、PVC等）或聚苯乙烯板片，直径或宽度为缝宽的1.3倍，保温棒填入的厚度与保温装饰板中保温层的厚度相同；缝间也可用聚氨酯泡沫填缝剂填充，且应留出不小于5mm的密封胶厚度。密封胶最薄处不小于3mm，而后做面层防水处理，深度为缝宽的50%左右。对工程中设置的沉降缝处理，应按设计要求进行，最后采用金属盖板，并用射钉固定，如图4-6所示。

（12）设置排气栓

外保温系统应设置排气栓，每15m²内的墙面应设一个，排气栓嵌入水平缝与垂直缝交汇处，排气栓帽气孔应向外朝下，排气栓嵌入板缝后粘贴必须牢固，气孔不得堵塞。

（13）清理面层，成品保护

图 4-6　板缝处理节点图

保温装饰板施工完成后，后续工序与其他正在进行工序应注意对成品进行保护。同时清理、擦拭板面，显露出装饰效果。

保温装饰板安装后面层尺寸偏差　　　　　表 4-2

项　　目			允许偏差（mm）	检查方法
墙面垂直度	墙体高度 h	$h{\leqslant}30\mathrm{m}$	${\leqslant}5$	经纬仪测量
		$30\mathrm{m}{<}h{\leqslant}60\mathrm{m}$	${\leqslant}10$	
		$60\mathrm{m}{<}h{\leqslant}90\mathrm{m}$	${\leqslant}15$	
		$h{>}90\mathrm{m}$	${\leqslant}20$	
横向顺直度			${\leqslant}5\mathrm{mm}/5\mathrm{m}$ 或${\leqslant}3\mathrm{mm}/2\mathrm{m}$	5m 拉线检查 2m 靠尺
阴阳角方正			${\leqslant}4$	用直角尺检查
墙面平整度			${\leqslant}3$	2m 靠尺检查
相邻两块板高低差			${\leqslant}1.5$	2m 靠尺检查
膨胀缝（装饰缝）平直度			${\leqslant}3$	用 5m 线,不足 5m 用钢直尺检查

（14）质量检查与验收

保温装饰板粘贴的平整度、垂直度应符合要求。每贴完一块，应及时清除挤出的砂浆；板与板之间的缝隙要均匀一致且达到设计要求。保温饰面板安装后，墙面层的尺寸偏差应符合表4-2的要求。

4.6 机械锚固法施工工艺

机械锚固法是采用金属固定连接件或龙骨以及密封粘结剂将保温装饰板固定并密封在建筑外墙上的一种施工方法，其基本构造见图4-7。

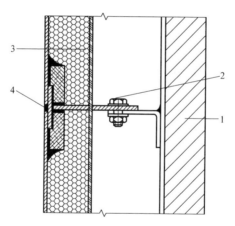

图 4-7 机械锚固系统基本构造
1—基层墙体；2—锚固件（镀锌螺栓、L形镀锌角钢、T形不锈钢挂件）；
3—保温装饰板；4—嵌缝胶

相对于干挂玻璃和石材，保温装饰板每平方米的重量是比较轻的，最大不超过 $20kg/m^2$，一般在 $10\sim15kg/m^2$。目前工程上常用的机械锚固法分为自搭扣式（图4-8）和机械紧固式（图4-9）两种。

如图4-10所示，机械锚固法主要包括以下施工过程：

图 4-8　自搭扣式构造

1—基层墙体；2—锚固件；3—保温装饰板

图 4-9　机械紧固式

1—基层墙体；2—保温层；3—装饰层；4—连接件；

5—锚固连接件（1）；6—锚固连接件（2）

（1）基层处理

基层墙体经过工程验收达到质量标准的即可进行外墙外保温施工。达不到要求的，应进行处理，处理方法有机械法处理、化学处理和火焰灼烧处理，后两种方法主要用于墙面油污等污垢处理。

104

图 4-10　机械锚固法施工工艺

对既有建筑墙体进行保温改造时，需对外墙原有饰面进行检查，空鼓处要彻底清除，开裂处应认真修补。

（2）锚固件试验

基层墙体上应进行机械锚固件的现场拉拔试验，进而根据设计要求确定所用锚固件的数量。当机械锚固件在基层墙体上的拉拔力不符合规范要求时，也应进行加强处理。

（3）测量放线

根据建筑立面设计的技术要求，在墙面弹出外门窗水平、垂直控制线及膨胀缝线、装饰缝线、后置预埋件控制线和墙面保温装饰板位置线等，在门窗洞口上方要标出防火隔离带位置线。在建筑外墙大角（阳角/阴角）及其他必要处挂垂直基准钢线，每个楼层适当位置挂水平线，以控制外保温板的垂直度和平整度。

（4）绘排板图、出备料单

根据测量数据绘制建筑外立面草图，并确定优化排板分格方案，分格方案要做到省材、美观、安全。根据实际弹线情况，结合设计排板图，出具相对应每块板的实际尺寸和详细构造图清单。

（5）安装挂件、龙骨

按照墙面竖向和水平分格控制线，将金属固定预埋挂件按照设计和产品说明书的要求安装于墙面相应位置，安装时采用电锤（冲击钻）在安装点上钻孔，然后用膨胀螺栓将金属固定挂件牢固锚定在墙体上。膨胀螺栓每平方米不少于 5 个，高度 20m 以上不少于 7 个。

龙骨按照墙面上纵横向位置线进行安装，安装时应用电锤（冲击钻）在安装点上钻孔，然后用膨胀螺栓将龙骨固定，锚固深度不小于 50mm，保证安装牢固。

保温装饰板按照设计和产品说明书的预先编号要求进行安装。若系统采用专用金属挂件固定，则按照相应系统的安装方式进行固定；若系统采用膨胀螺栓固定，应用电锤（冲击钻）于相应位置钻孔，然后用膨胀螺栓固定。

（6）安装保温装饰板

保温装饰板安装时，左右、上下的偏差不应大于 1.5mm；安装时应注意板面的垂直度、平整度及纵横缝的平直度。安装时应注意对整体墙面的保温密封，视不同类型的板材，可采用特制的保温装饰板和密封剂对墙面四周进行处理。安装小规格板时宜在板背面、边框四周涂抹胶粘剂，胶粘面积在 15%～20%。涂抹胶粘剂不仅增加了板与基层的粘结强度，还隔断了板与基层墙体之间的空腔，起到防风和增强保温效果的作用。

外门窗洞口应按设计要求预制特殊尺寸的保温装饰板进行锚固安装，下沿线必须做出外斜度流水坡度，上沿线必须做出内斜度滴水坡度。

（7）板缝处理

板缝处理可以填勾缝密封胶或勾缝腻子勾缝，嵌缝时先用保温泡沫材料填缝，再用填缝剂塞填，然后用建筑耐候硅酮密封胶或嵌缝腻子勾缝。建筑耐候密封胶或嵌缝腻子最薄处不应小于3mm厚，胶缝应勾成饱满、密实、连续、均匀、无气泡的凹形沟槽。

（8）清洁表面，成品保护

密封胶或勾缝腻子干燥后掀掉保护膜，检查板面平整、垂直和阴阳角方正。对不符合要求的及时更换。同时对板面进行清洗，对成品进行保护，尤其在后续其他作业时注意不要对板面污损、碰撞。

4.7 施工管理

保温装饰板外墙外保温工程应按照审查合格的设计文件和经审查批准的施工方案施工，在施工过程中不得随意更改墙体节能设计，如确需变更时，应有设计变更文件并经原施工图设计审查机构审查通过，并获得监理和建设单位的确认。

保温装饰板外墙外保温工程的施工应编制专项施工方案，并组织施工人员进行培训和技术交底。施工队伍必须具有外墙外保温工程施工资质。

应先在现场采用与工程相同的材料和工艺做样板墙，经设计、建设、施工、监理各方确认后，方可进行大面积施工。

保温装饰板外墙外保温工程施工现场应按有关规定，采取可靠的防火安全措施，实现安全文明施工。

保温装饰板外墙外保温工程施工各道工序之间应进行交接检验，上道工序合格后，方可进行下道工序，并做隐蔽工程记录，必要时应保留影像资料。

保温装饰板外墙外保温工程采用的材料在施工过程中应采取防潮、防水、防火等保护措施。材料进入施工现场后，应在监理工程师监督下进场验收，并按规定取样复验；各种材料应分类贮存，贮存期及条件应符合产品使用说明书的规定，应防雨、防暴晒、防火，且不宜露天存放，对在露天存放的材料，应用苫布覆盖。

保温装饰板外墙外保温工程完工后应做好成品保护。

第 5 章　BIM 在建筑施工中的应用

5.1　概述

科学技术的快速发展，给建筑行业带来了高速发展的机遇和挑战，BIM 技术正是近年来被广泛谈及并认可的建筑业发展趋势。住房和城乡建设部《2011～2015 年建筑业信息化发展纲要》明确提出：加快推广 BIM 等技术在勘察设计、施工和工程项目管理中的应用，改进传统的生产与管理模式，提升企业的生产效率和管理水平。将推动 BIM 技术发展在建筑行业（设计、施工、运营）应用列为企业的重点发展目标。2015 年 6 月 6 日，住房和城乡建设部发布了《关于印发推进建筑信息模型应用指导意见的通知》（建质函［2015］159 号），其中提出：信息化是建筑产业现代化的主要特征之一，BIM 应用作为建筑业信息化的重要组成部分，必将极大地促进建筑领域生产方式的变革。

5.1.1　BIM 的定义

BIM 是 Building Information Modeling 的缩写，译为建筑信息模型，是利用数字模型对项目进行设计、施工、运营管理的过程。BIM 是在计算机辅助设计（CAD）等技术基础上发展起来的多维模型信息集成技术，是对建筑工程物理特征和功能特性信息的数字化承载和可视化表达。

1975 年，"BIM 之父"——美国佐治亚理工大学建筑与计算机学院的 Charles Eastman 教授创建了 BIM 理念，至今，BIM 技术的研究经历了三大阶段：萌芽阶段、产生阶段和发展阶段。BIM 理念的启蒙，受到了 1973 年全球石油危机的影响，当时美国全行业需要考虑提高行业效益的问题，1975 年 Eastman 教授在其研究的课题 "Building Description System" 中提出 "a computer－based description of a building"，以便于实现建筑工程的可视化和量化分析，提高工程建设效率。BIM 最先从美国发展起来，随着全球化的进程，已经扩展到欧洲、日本、韩国、新加坡等国家和地区。2002 年，欧特克公司首次将 BIM 概念引入中国。

美国国家 BIM 标准对 BIM 的描述为：BIM 是一个设施（建设项目）物理和功能特性的数字表达；BIM 是一个共享的知识资源，是一个分享设施信息，为该设施从概念到拆除的全寿命周期中的所有决策提供可靠依据的过程；在项目不同阶段，不同利益相关方通过在 BIM 中插入、提取、更新和修改信息，以支持和反映其各自职责的协同作业。

建筑信息的数据在 BIM 中的存储，主要以各种数字技术为依托，从而将此数字信息模型作为各个建筑项目的基础，去进行各个相关工作。建筑信息模型不是简单地将数字信息进行集成，还是一种数字信息的应用，是可以用于设计、建造、管理的数字化方法，这种方法支持建筑工程的集成管理环境，可以使建筑工程在其整个进程中显著提高效率、大量减少风险。

在建筑工程整个生命周期中，建筑信息模型可以实现集成管理，这一模型既包括建筑物的信息模型，同时又包括建筑工程管理行为的模型，将建筑物的信息模型同建筑工程的管理行为模型进行完美地组合。因此在一定范围内，建筑信息模型可以模拟实际的建筑工程建设行为，例如：建筑物的日照、外部维护结构的传热状态等。

5.1.2 推广 BIM 应用的意义

BIM 能够应用于工程项目规划、勘察、设计、施工、运营维护等各阶段（图 5-1），实现建筑全生命期各参与方在同一多维建筑信息模型基础上的数据共享，为贯通产业链、建造工业化

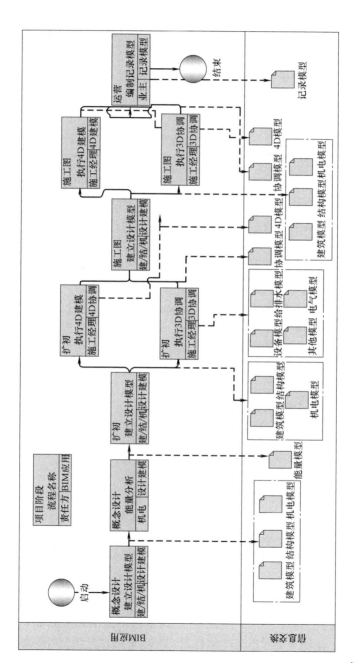

图 5-1 BIM 应用流程示例图

111

和繁荣建筑创作提供技术保障；支持对工程环境、能耗、经济、质量、安全等方面的分析、检查和模拟，为项目全过程的方案优化和科学决策提供依据；支持各专业协同工作、项目虚拟建造和精细化管理，为建筑业的提质增效、节能环保创造条件。

建立以 BIM 应用为载体的项目管理信息化，提升项目生产效率，提高建筑质量，缩短工期，降低建造成本。具体体现在：

（1）三维渲染，宣传展示

三维渲染动画，给人以真实感和直接的视觉冲击。建好的 BIM 模型可以作为二次渲染开发的模型基础，大大提高了三维渲染效果的精度与效率，给业主更为直观的宣传介绍，提升中标概率。

（2）快速算量，提升精度

BIM 数据库的创建，通过建立 5D 关联数据库，可以准确快速计算工程量，提升施工预算的精度与效率。由于 BIM 数据库的数据精度达到构件级，可以快速提供支撑项目各管理条线所需的数据信息，有效提升施工管理效率。BIM 技术能自动计算工程实物量，这个属于较传统的算量软件的功能，在国内此项应用案例非常多。

（3）精确计划，减少浪费

施工企业精细化管理很难实现的根本原因在于海量工程数据无法被快速准确获取以支持资源计划，致使经验主义盛行。而 BIM 的出现可以让相关管理条线快速准确地获得工程基础数据，为施工企业制定精确计划提供有效支撑，大大减少了资源、物流和仓储环节的浪费，为实现限额领料、消耗控制提供技术保障。

（4）多算对比，有效管控

管理的支撑是数据，项目管理的基础就是工程基础数据的管理，及时、准确地获取相关工程数据是项目管理的核心竞争力。BIM 数据库可以实现任一时点上工程基础信息的快速获取，通过合同、计划与实际施工的消耗量、分项单价、分项合价等数据的多算对比，可以有效了解项目运营是盈是亏、消耗量有无超标、进货分包单价有无失控等问题，实现对项目成本风险的有效管控。

（5）虚拟施工，有效协同

三维可视化功能再加上时间维度，可以进行虚拟施工（图5-2）。随时随地直观快速地将施工计划与实际进展对比，同时进行有效协同，施工方、监理方，甚至非工程行业出身的业主领导都对工程项目的各种问题和情况了如指掌。通过 BIM 技术结合施工方案、施工模拟和现场视频监测，大大减少建筑质量问题和安全问题，减少整改和返工。

图 5-2　BIM 的价值体现图例

（6）碰撞检查，减少返工

BIM 最直观的特点在于三维可视化，利用 BIM 的三维技术在前期可以进行碰撞检查，优化工程设计，解决原设计综合后产生的问题，从而减少在施工阶段照图施工后产生的各专业碰撞，减少拆改返工，并优化净空，优化管线排布方案。最后施工人员可以利用碰撞优化后的三维管线方案，进行施工交底、施工模拟，缩短工期，提高施工质量，同时也提高了与业主沟通的能力。

(7) 冲突调用,决策支持

BIM 数据库中的数据具有可计量(computable)的特点,大量工程相关的信息可以为工程提供数据后台的巨大支撑。BIM 中的项目基础数据可以在各管理部门协同共享,工程量信息可以根据时空维度、构件类型等进行汇总、拆分、对比分析等,保证工程基础数据及时、准确提供,为决策者制定工程造价项目群管理、进度款管理等方面的决策提供依据。

5.1.3 BIM 应用现状

自 2002 年开始,BIM 席卷欧美的工程建设行业,引发了史无前例的建筑变革。香港已决定从 2015 年开始所有政府项目强制使用 BIM。随着 BIM 的普及,大量业主要求项目采用 BIM 技术和管理,包括鸟巢、水立方、天津港、上海迪士尼、上海中心、中信中国尊、沈阳机场等在内的众多项目部分或全部采用了 BIM 管理。

BIM 是基于最先进的三维数字设计和工程软件所构建的"可视化"的数字建筑模型,可以为设计师、建筑师、水电暖专业工程师、开发商乃至物业维护等各环节人员提供模拟和分析的科学协作平台,帮助他们利用三维数字模型对项目进行设计、建造及运营管理,进而使整个工程项目在设计、施工和使用等各个阶段都能够有效地实现建立资源计划、控制资金风险、节省能源、节约成本、降低污染和提高效率的目的,从真正意义上实现工程项目的全生命周期管理。近几年来,BIM 技术在美国、日本等国家的建筑工程领域取得了大量的应用成果,进而影响到国内不少的施工企业也开始思考如何应用 BIM 技术来提升项目管理水平与企业核心竞争力。在工程项目管理的实践中适时地引进 BIM 系统管理的思想,有效地解决了项目管理中的许多问题以及困惑大多数人的成本管理问题,为工程项目管理及成本管理提供了一个崭新的思路。

在住房和城乡建设部发布的《2011～2015年建筑业信息化发展纲要》（以下简称《纲要》）中明确指出：在施工阶段开展BIM技术的研究与应用，推进BIM技术从设计阶段向施工阶段的应用延伸，降低信息传递过程中的衰减；研究基于BIM技术的4D项目管理信息系统在大型复杂工程施工过程中的应用，实现对建筑工程有效的可视化管理等。可以说，《纲要》的颁布，拉开了BIM技术在我国施工企业全面推进的序幕。

目前，BIM在建筑领域的推广应用还存在着政策法规和标准不完善、发展不平衡、本土应用软件不成熟、技术人才不足等问题，有必要采取切实可行的措施，推进BIM在建筑领域的应用。

5.1.4 推进BIM应用的指导思想、基本原则和发展目标

1. 指导思想

以工程建设法律法规、技术标准为依据，坚持科技进步和管理创新相结合，在建筑领域普及和深化BIM应用，提高工程项目全生命期的各参与方的工作质量和效率，保障工程建设优质、安全、环保、节能。

2. 基本原则

（1）企业主导，需求牵引。发挥企业在BIM应用中的主体作用，聚焦于工程项目全生命期内的经济、社会和环境效益，通过BIM应用，提高工程项目管理水平，保证工程质量和综合效益。

（2）行业服务，创新驱动。发挥行业协会、学会组织优势，自主创新与引进集成创新并重，研发具有自主知识产权的BIM应用软件，建立BIM数据库及信息平台，培养研发和应用人才队伍。

（3）政策引导，示范推动。发挥政府在产业政策上的引领作用，研究出台推动BIM应用的政策措施和技术标准。坚持试点示范和普及应用相结合，鼓励龙头企业，总结成功经验，带动全

行业的 BIM 应用。

3. 发展目标

《关于印发推进建筑信息模型应用指导意见的通知》（建质函〔2015〕159 号）中提出：到 2020 年末，建筑行业甲级勘察、设计单位以及特级、一级房屋建筑工程施工企业应掌握并实现 BIM 与企业管理系统和其他信息技术的一体化集成应用。到 2020 年末，以下新立项项目勘察设计、施工、运营维护中，集成应用 BIM 的项目比率达到 90%：以国有资金投资为主的大中型建筑；申报绿色建筑的公共建筑和绿色生态示范小区。

5.1.5　工作重点

1. 建设单位

全面推行工程项目全生命期、各参与方的 BIM 应用，要求各参建方提供的数据信息具有便于集成、管理、更新、维护以及可快速检索、调用、传输、分析和可视化等特点。实现工程项目投资策划、勘察设计、施工、运营维护各阶段基于 BIM 标准的信息传递和信息共享。满足工程建设不同阶段对质量管控和工程进度、投资控制的需求。

（1）建立科学的决策机制。在工程项目可行性研究和方案设计阶段，通过建立基于 BIM 的可视化信息模型，提高各参与方的决策参与度。

（2）建立 BIM 应用框架。明确工程实施阶段各方的任务、交付标准和费用分配比例。

（3）建立 BIM 数据管理平台。建立面向多参与方、多阶段的 BIM 数据管理平台，为各阶段的 BIM 应用及各参与方的数据交换提供一体化信息平台支持。

（4）建筑方案优化。在工程项目勘察、设计阶段，要求各方利用 BIM 开展相关专业的性能分析和对比，对建筑方案进行优化。

（5）施工监控和管理。在工程项目施工阶段，促进相关方利用 BIM 进行虚拟建造，通过施工过程模拟对施工组织方案进行优化，确定科学合理的施工工期，对物料、设备资源进行动态管控，切实提升工程质量和综合效益。

（6）投资控制。在招标、工程变更、竣工结算等各个阶段，利用 BIM 进行工程量及造价的精确计算，并作为投资控制的依据。

（7）运营维护和管理。在运营维护阶段，充分利用 BIM 和虚拟仿真技术，分析不同运营维护方案的投入产出效果，模拟维护工作对运营带来的影响，提出先进合理的运营维护方案。

2. 勘察单位

研究建立基于 BIM 的工程勘察流程与工作模式，根据工程项目的实际需求和应用条件确定不同阶段的工作内容。开展 BIM 示范应用。

（1）工程勘察模型建立。研究构建支持多种数据表达方式与信息传输的工程勘察数据库，研发和采用 BIM 应用软件与建模技术，建立可视化的工程勘察模型，实现建筑与其地下工程地质信息的三维融合。

（2）模拟与分析。实现工程勘察基于 BIM 的数值模拟和空间分析，辅助用户进行科学决策、规避风险。

（3）信息共享。开发岩土工程各种相关结构构件族库，建立统一数据格式标准和数据交换标准，实现信息的有效传递。

3. 设计单位

研究建立基于 BIM 的协同设计工作模式，根据工程项目的实际需求和应用条件，确定不同阶段的工作内容。开展 BIM 示范应用，积累和构建各专业族库，制定相关企业标准。

（1）投资策划与规划。在项目前期策划和规划设计阶段，基于 BIM 和地理信息系统（GIS）技术，对项目规划方案和投资策略进行模拟分析。

（2）设计模型建立。采用 BIM 应用软件和建模技术，构建包括建筑、结构、给排水、暖通空调、电气设备、消防等多专业信息的BIM模型。根据不同设计阶段任务要求，形成满足各参与方使用要求的数据信息。

（3）分析与优化。分析节能、日照、风环境、光环境、声环境、热环境、交通、抗震等建筑性能。根据分析结果，结合全生命期成本，进行优化设计。

（4）设计成果审核。基于BIM的协同工作平台，开展多专业间的数据共享和协同工作，实现各专业之间数据信息的无损传递和共享，进行各专业之间的综合碰撞检测，最大限度减少错、漏、碰、缺等设计质量通病，提高设计质量和效率。

4. 施工企业

改进传统项目管理方法，建立基于BIM应用的施工管理模式和协同工作机制。明确施工阶段各参与方的协同工作流程和成果提交内容，明确人员职责，制定相应管理制度。开展BIM应用示范，根据示范经验，逐步实现施工阶段的BIM集成应用。

（1）施工模型建立。施工企业应利用基于BIM的数据库信息，导入和处理已有的BIM设计模型，形成BIM施工模型。

（2）细化设计。根据施工安装需要，对BIM设计模型进一步细化、完善，指导建筑部品构件生产以及现场施工安装。

（3）专业协调。进行建筑、结构、设备等各专业以及管线在施工阶段的综合碰撞检测、分析和模拟，消除冲突，减少拆改和二次施工。

（4）成本管理与控制。应用BIM施工模型，精确高效计算工程量，进而辅助工程预算的编制。在施工过程中，实时、精确地分析和计算工程动态成本，提高对项目成本和工程造价的管理能力。

（5）施工过程管理。应用BIM施工模型，对施工进度、人力、材料、设备、质量、安全、场地布置等信息进行动态管理，实现施工过程的可视化模拟和施工方案的不断优化。

（6）质量安全监控。综合应用数字监控、移动通讯和物联网技术，建立 BIM 与现场监测数据的融合机制，实现施工现场集成通讯与动态监管、施工时变结构及支撑体系安全分析、大型施工机械操作精度检测、复杂结构施工定位与精度分析等，进一步提高施工精度和效率，提升安全保障水平。

（7）地下工程风险管控。利用基于 BIM 的岩土工程施工模型，模拟地下工程施工过程以及对周边环境的影响，分析评估地下工程施工过程可能存在的危险源，制定风险防控措施。

（8）交付竣工模型。BIM 竣工模型应包括建筑、结构和机电设备等各专业内容，在三维几何信息的基础上，还应包含材料、荷载、技术参数和指标等设计信息，质量、安全、耗材、成本等施工信息，以及构件与设备信息等。

5. 工程总承包企业

根据工程总承包项目的过程需求和应用条件，确定 BIM 应用内容，分阶段（工程启动、工程策划、工程实施、工程控制、工程收尾）开展 BIM 应用。在综合设计、咨询服务、集成管理等建筑业价值链中技术含量高、知识密集型的环节大力推进BIM 应用。优化项目实施方案，合理协调各阶段工作，缩短工期，提高质量，节省投资。实现与设计、施工、设备供应、专业分包、劳务分包等单位的无缝对接，优化供应链，提升自身价值。

（1）设计控制。按照方案设计、初步设计、施工图设计等阶段的总包管理需求，逐步建立适宜的多方共享的 BIM 模型，使设计优化、设计深化、设计变更等业务基于统一的 BIM 模型，并实施动态控制。

（2）成本控制。基于 BIM 施工模型，快速形成项目成本计划，高效、准确地进行成本预测、控制、核算、分析等，有效提高成本管控能力。

（3）进度控制。基于 BIM 施工模型，对多参与方、多专业的进度计划进行集成化管理，全面、动态掌握工程进度、资源需求以及供应商生产、配送状况，解决施工和资源配置的冲突、矛盾，确保工期目标实现。

（4）质量安全管理。基于 BIM 施工模型，对复杂施工工艺进行数字化模拟，实现三维可视化技术交底；对复杂结构实现三维放样、定位和监测；实现工程危险源的自动识别分析和防护方案的模拟；实现远程质量验收。

（5）协调管理。基于 BIM，集成各分包单位的专业模型，管理各分包单位的深化设计和专业协调工作，提升工程信息交付质量和建造效率；优化施工现场环境和资源配置，减少施工现场各参与方、各专业之间的互相干扰。

（6）交付工程总承包 BIM 竣工模型。工程总承包 BIM 竣工模型应包括工程启动、工程策划、工程实施、工程控制、工程收尾等工程总承包全过程中用于竣工交付、资料归档、运营维护的相关信息。

6. 运营维护单位

改进传统的运营维护管理方法，建立基于 BIM 应用的运营维护管理模式。建立基于 BIM 的运营维护管理协同工作机制、流程和制度。建立交付标准和制度，保证 BIM 竣工模型完整、准确地提交到运营维护阶段。

（1）运营维护模型建立。基于 BIM 的数据集成方法，导入和处理已有的 BIM 竣工交付模型，通过运营维护信息录入和数据集成，建立项目 BIM 运营维护模型。也可以利用其他竣工资料，直接建立 BIM 运营维护模型。

（2）运营维护管理。应用 BIM 运营维护模型，集成 BIM、物联网和 GIS 技术，构建综合 BIM 运营维护管理平台，支持大型公共建筑和住宅小区的基础设施与市政管网的信息化管理，实现建筑物业、设备、设施及其巡检维修的精细化和可视化管理，并为工程健康监测提供信息支持。

（3）设备设施运行监控。综合应用智能建筑技术，将建筑设备及管线的 BIM 运营维护模型与楼宇设备自动控制系统相结合，通过运营维护管理平台，实现设备运行和排放的实时监测、分析和控制，支持设备设施运行的动态信息查询和异常情况的快速定位。

（4）应急管理。综合应用 BIM 运营维护模型和各类灾害分析、虚拟现实等技术，实现各种可预见灾害模拟和应急处置。

5.1.6　BIM 应用的困难

（1）软件对接困难

目前尚无统一的软件数据格式标准，设计、施工、监理等各方使用软件不同，造成数据格式多样，信息详略程度不同，各个软件间数据无法通用，更无法相互编辑，而大型工程的数据量十分巨大，数据转换和匹配工作难以实施。

（2）信息传递路线复杂

工程项目涉及众多参与单位，相互之间信息（如合同、清单、变更、图纸、说明书、签证、进度计划等），传递路线复杂，文件和数据交互量也十分惊人，且牵涉责权归属，导致难以准确、高效地运用 BIM 技术。

（3）BIM 人才匮乏

国内 BIM 技术应用起步不久，各层次院校尚无完善的 BIM 教学计划，多数技术人员刚开始熟悉 BIM 软件，熟练差异程度很大，项目各个参与方的 BIM 应用水平也参差不齐，因此还需要相当长的培训推广时间。

5.2　BIM 相关软件简介

BIM 软件提供了参数化设计与创建模型，以及三维浏览、碰撞检测、管线综合、虚拟建造等专项技术应用，市场上主流的 BIM 软件有：Revit、Bentley、Dassault、Tekla、Synchro 4D、Navisworks 等。

工程项目建设过程中涉及的软件很多，如 BIM 建模、可视化、模型应用软件，相关计算、分析软件，施工阶段施工组织、深化设计、项目管理软件，以及运营维护阶段设施维护、空间管理等软件。涉及施工阶段的软件主要有：Autodesk 的 Navisworks、Bentley 的 MicroStation、ProjectWise 和 Solibri 的 IFC Optimizer 等。

国外四大 BIM 软件包括：欧特克（Autodesk）的 Revit 占国内 90％的份额，大量用于建筑、结构和机电，主要适用于民用建筑市场。内梅切克（Nemetschek）—图软（Graphisoft）公司的 ArchiCAD 对硬件要求比较低，能够很好地表达建筑设计师的设计意图。Bentley 适用于建筑、结构和设备系列，在工厂设计和基础设施领域有优势。达索系统（Dassault Systèmes）是全球高端的机械设计制造软件，在航空、航天、汽车等领域具有垄断地位。

目前广联达研发并拥有建筑 GCL、钢筋 GGJ、机电 GQI 或 MagiCAD（2014 年收购）、场地 GSL、全专业 BIM 模型集成的平台——BIM5D 等全过程应用软件。广联达通过 GFC（Glodon Foundation Class）接口，实现了 BIM5D 中 Revit 数据的导入，对接算量软件。鲁班研发了鲁班土建、钢筋、安装、施工、总体等一系列应用软件，通过 Luban Trans-Revit 接口，实现鲁班与 Revit 的导入。

国内建筑业使用的主流 BIM 核心建模软件是 Autodesk Revit，采用 Autodesk Navisworks Manage 进行碰撞检测。

由于目前 BIM 软件工具比较多，不同的软件的数据格式不尽相同，这就需要数据之间的传递和转换，以确保应用的协调和延续。随着 BIM 技术的发展和普及，已有软件逐步提供与 BIM 软件的接口。

下面介绍两款国内比较常用的 BIM 软件。

5.2.1 Revit

Revit 是 Autodesk 公司一套系列软件的名称。Revit 系列软件（图 5-3、图 5-4）是专为建筑信息模型（BIM）构建的，可帮助建筑设计师设计、建造和维护质量更好、能效更高的建筑。Revit 是我国建筑业 BIM 体系中使用最广泛的软件之一。

Revit 分为建筑、结构、机电等专业，即 Revit Architecture、Revit Structure、Revit MEP（Mechanical Electrical Plumbing）。Revit 在操作流程上有其特定的方式，Revit 建立的 BIM 模型以工程对象为基本单元。

图 5-3   Revit 安装界面

图 5-4   Revit 操作界面

5.2.2 Navisworks

Autodesk Navisworks 软件解决方案支持项目设计与建筑专业人士将各自的成果集成至同一个同步的建筑信息模型中，能够将 AutoCAD 和 Revit 系列等应用创建的设计数据，与来自其他设计工具的几何图形和信息相结合，将其作为整体的三维项目，通过多种文件格式实现实时审阅，而无须考虑文件的大小。Navisworks 软件产品可以帮助所有相关方将项目作为一个整体来看待，从而优化设计决策、建筑实施、性能预测和规划、设施管理和运营等各个环节。

Navisworks（图 5-5、图 5-6）的基本功能之一就是支持打开不同软件的设计成果，并将其附加到主模型，从而整合为一个模型。基于 3D 交互的可视化浏览、漫游等操作，模拟第一人称或第三人称视角下的真实视觉体验，并可直观地浏览设计，发现其中不合理之处。Navisworks 具备碰撞检测（Clash Detective）功能，可用于大型、复杂的项目或隐蔽工程，以提前解决施工图中的"碰撞"问题。

图 5-5　Navisworks 安装界面

5.2.3 ProjectWise

ProjectWise（图 5-7、图 5-8）是专为建筑行业用户打造的一款专业 BIM 协同工作解决方案，它为使用者提供了一个集成的协同工作环境，可以广泛应用于建筑、工程、施工和运营基础设施项目的设计和施工等领域，软件拥有强大的缓存服务器，可以方便使用者快速进行文件访问，并拥有 CAD 标准管理、参考文件管理等功能。

图 5-6　Navisworks 操作界面

图 5-7　ProjectWise 安装界面

图 5-8　ProjectWise 操作界面

5.3　BIM 在工程施工阶段的应用

在工程项目全寿命周期中，相关技术人员可运用 BIM 在设计、施工、运营维护全过程中有效控制信息的采集、加工、存储和交流，用经过集成和协同的信息流指导、控制项目建设的物质流，支持项目管理者进行规划、协调和控制。BIM 可在项目设计阶段发现问题，通过协调修改图纸，降低施工阶段的难度和成本。BIM 可实现施工现场的多维管理，轻松创建、审核和编辑工程进度模型，编制可靠的进度表，方便工程相关方协调沟通，并可进行施工预演，直观、系统地考察施工方案的可行性。

目前大型工程项目结构复杂，涉及工序专业多、工程量大、立体交互作业多，各个部门联系紧密，传统施工企业组织架构（图 5-9）和项目部架构（图 5-10）信息交互效率低下，已经不能很好满足工程需求。

图 5-9　传统施工企业组织架构

图 5-10　传统工程项目部组织架构

依托 BIM 技术建立的工程模型，集成了从设计、施工到运营维护的全寿命周期内所有项目信息，这些信息能够在网络环境中随时更新，在获得相关授权后即可进行访问、增加、变更、删除等操作，为项目各方迅速获得所需信息提供便利。在应用 BIM 技术的工作模式下，施工企业能够实现对项目信息的集成管理，体会到 BIM 带来的从企业管理、运营投标到施工及维护等一系列工作的便利。

5.3.1　施工 4D 管理

目前，3D 模型形象直观、应用较多，但它不能按照工程进度即时更新。BIM 技术在原有 3D 模型的基础上增加了时间轴，形成工程项目 4D 模型，施工方可以根据自身需求创建、编辑 4D 模型，从而编制更为可靠的进度表。同时，也可对不同施工方案进行预演，在视频界面上直观、系统地考察方案的可行性，查找疏漏，以更好地管理项目进度。

5.3.2 碰撞检查

应用 BIM 技术进行三维碰撞检查已经比较成熟。国内外都有一些软件可以实现。像设计阶段的 Navisworks、施工阶段的鲁班虚拟碰撞软件，都是应用 BIM 技术，在建造之前，对项目的土建、管线、工艺设备进行管线综合及碰撞检查（图 5-11），基本消除因设计错漏碰缺产生的隐患。在建造过程中，还可以应用 BIM 模型进行施工模拟和协助管理。

图 5-11　施工阶段的安装碰撞检查

5.3.3 项目综合管理

BIM 能够实现项目管理的功能主要包括：施工进度管理、施工质量管理、施工工程量管理、OA 协同、收发文管理、变更管理、支付管理、采购管理、安全管理等。

5.3.4 施工交底

在整个施工过程当中，需要对班组等进行施工指导。目前，施工技术交底一直是延续过去的常规蓝图方法。图纸变更，返工严重；审图不清，损耗过大；不同班组，多版图纸；而项目经理则是在到处救火，拆东墙补西墙。这是由于项目的不可控性和施工技术交底的操作复杂性所造成的，根本原因是施工过程中有太多的现场问题是没有办法提前预知的，例如，图纸变更、班组交底不清等。利用 BIM 技术的虚拟施工，提前反映施工难点，可以使施工组织的计划更加形象精准。

5.3.5 其他应用

BIM 作为一个 n 维的数据库，可以针对整个工程进行 BIM 进度计划，统筹安排，以保证工程进度如期合理完成。例如我们可以看到一层的管道安装部分的计划开工、计划结束时间、计划合理工期以及这个工程任务所包含的相关施工项目。如果部分工作内容临时发生了变更，还可以对其单个标注，例如图 5-12 中的这根送风管后期施工发生变更，可以单独编辑它的开始时间和结束时间，并且备注变更时间及原因等信息。另外，施工过程中出现的一些变更单、验收单等宝贵资料可做成电子格式链接到三维模型中，实时查阅，避免丢失；同时现场的施工情况也可拍照链接到模型里面，以便于管控施工全过程；对于造价昂贵的设备，同样可以录入采购商、采购时间、地点、数量、采购信誉等信息，便于后期追溯。除此之外，还可以将整个三维模型打印输出，用于指导现场施工和现场管理。

(a)　　　　　　　　　　　　(b)

图 5-12　虚拟工程和实际工程对比

(a) 虚拟工程；(b) 实际工程

5.4 工程应用实例

5.4.1 ××项目 LOFT

××项目位于核心位置，邻近地铁站，为 4.5m 精装

LOFT，户型面积为 40 ~ 50m²，本项目特点是空间狭小、管线排布较密，但也因此成就了 BIM 的深入应用，拓展了 BIM 应用的广度及深度。

（1）BIM 应用概况

使用范围：××项目 9 号楼，LOFT 全专业。

主导单位：××公司通过约谈全权为甲方负责的第三方BIM 设计顾问单位。

交互方式：1）前期交互（设计阶段）——BIM 顾问完成建筑、结构、机电模型后，将成果先共享给甲方项目部、设计部、设计院、机电顾问等端口，各参与方通过邮件提出意见，汇总给BIM 顾问进行修改和优化，并做好记录以便追溯；2）后期交互（施工阶段）——BIM 顾问将模型共享给土建总包、机电总包、幕墙总包、装修总包等，这些分包单位根据自己的实际情况有权修改、深化和调整，将结果反馈给 BIM 顾问，并做好记录以便追溯。最终形成完整的建筑信息模型。

查看平台：BIM 顾问搭建云平台，给到各需求端账号，通过此账号在更大范围内充分地查阅模型数据信息，达到各参与方共同使用模型的目的。

模型精度：根据美国建筑师协会《AIA Document E202—2008》标准，选择 LOD4 精度。

（2）用 Autodesk Revit 软件构建 BIM 全专业模型（图 5-13）。

（3）校验施工图，保障施工的准确度（图 5-14）。

（4）管线综合，满足项目净高及空间要求（图 5-15）。

5.4.2 ××火车站施工方案、施工工艺模拟及动态演示

在××建工集团重点项目及复杂公建综合项目中，为保证工程质量，项目团队借助 BIM 模型对施工方案进行施工模拟，利用视频对施工过程中的难点和要点进行说明，并提供给施工管理人员及施工班组。对一些狭小部位、工序复杂的管线安装，项目团队借助 BIM 模型对施工工艺、工序的模拟，能够非常直观地

图 5-13　Autodesk Revit 软件构建的 BIM 全专业模型

(a)

(b)

(c)

图 5-14　某位置施工图校验示意

(a) 墙柱定位图；(b) 板平面图；(c) 实景图

(a)

(b)

图 5-15　管线碰撞检验示意

(a) 平面图；(b) 剖面图

了解整个施工工序安排，清晰地把握施工过程，从而实现施工组

织、施工工艺、施工质量的事前控制。大型综合站房施工方案模
拟在××火车站项目中得到成功应用（图 5-16）。

图 5-16　大型站房屋顶网架施工模拟

中篇 绿色施工管理

第6章 工程项目绿色施工管理实施

6.1 概述

6.1.1 绿色施工的概念和原则

1. 绿色施工概念

绿色施工是指在保证质量、安全等基本要求的前提下,通过科学管理和技术进步,最大限度地节约资源,减少对环境的负面影响,实现"四节一环保",即节能、节材、节水、节地和环境保护的建筑工程施工活动。

2. 绿色施工原则

实施绿色施工,应依据因地制宜的原则,贯彻执行国家、行业和地方相关的技术政策,符合国家的法律、法规及相关的标准规范,实现经济效益、社会效益和环境效益的统一。施工企业应运用 ISO14000 环境管理体系和 OHSAS18000 职业健康安全管理体系,将绿色施工有关内容分解到管理体系目标中去,使绿色施工规范化、标准化。

6.1.2 绿色施工的总体框架

绿色施工总体框架由施工管理、环境保护、节材与材料资源利用、节水与水资源利用、节能与能源利用、节地与施工用地保护六个方面组成（图 6-1）。这六个方面涵盖了绿色施工的基本指标，同时包含了施工策划、材料采购、现场施工、工程验收等各阶段的指标。

图 6-1 绿色施工总体框架

6.1.3 绿色施工方案的内容

实施绿色施工，应进行总体方案优化。在规划（包括施工规划）、设计（包括施工阶段的深化设计）阶段，应充分考虑绿色施工的总体要求，为绿色施工提供基础条件。实施绿色施工，应对施工策划、机械与设备选择、材料采购、现场施工、工程验收等各阶段进行控制，加强对整个施工过程的管理和监督。

主要内容包括以下六个方面。

1. 工程概况

工程概况包括建筑类型、结构形式、基坑深度、高（跨）度、工程规模、工程造价、占地面积、工程所在地、建设单位、设计单位、承建单位、计划开竣工日期等。

2. 绿色施工目标

承建单位和项目部分别就环境保护、节材、节水、节能、节地制定绿色施工目标，并将该目标值细化到各个子项和各施工阶段。绿色施工目标的设定需提供设定依据，可参考《建筑工程绿色施工评价标准》GB/T 50640—2010。

3. 组织机构

项目部成立创建领导小组，项目经理为第一责任人，所属单位相关部门参与，并落实相应的管理职责，实施责任分级负责。

4. 实施措施

实施措施包括：钢材、木材、水泥等建筑材料的节约措施；提高材料设备重复利用和周转次数、废旧材料的回收再利用措施；生产、生活、办公和大型施工设备的用水用电等资源、能源的控制措施；环境保护如扬尘、噪声、光污染的控制及建筑垃圾的减量化措施等。

5. 技术措施

技术措施包括：采用有利于绿色施工开展的新技术、新工艺、新材料、新设备；采用创新的绿色施工技术和方法；采用工厂化生产的预制混凝土、配送钢筋等构配件；项目为达到方案设计中的节能要求而采取的措施等。

6. 管理制度

建立必要的管理制度，如教育培训制度、检查评估制度、资源消耗统计制度、奖惩制度，并建立相应的书面记录表格。

6.2 施工准备

（1）施工单位应根据设计文件、场地条件、周边环境和绿色施工总体要求，明确绿色施工的目标、材料、方法和实施内容，并在图纸会审时提出需设计单位配合的建议和意见。

（2）施工单位应编制包含绿色施工管理和技术要求的绿色施工组织设计、绿色施工方案或绿色施工专项方案，并经审批后实施。

（3）施工组织设计、绿色施工方案或绿色施工专项方案编制应符合下列规定：

1）应考虑施工现场的自然和人文环境特点；

2）应有减少资源浪费和环境污染的措施；

3）应明确绿色施工的组织管理体系、技术要求和措施；

4）应选用先进的产品、技术、设备、施工工艺和方法，利用规划区域内设施；

5）应包含改善作业条件、降低劳动强度、节约人力资源等内容。

（4）施工现场宜实行电子文档管理。

（5）施工单位宜建立建筑材料数据库，应采用绿色性能相对优良的建筑材料。

（6）施工单位宜监理施工机械设备数据库。应根据现场和周边环境情况，对施工机械和设备进行节能、减排和降耗指标分析和比较，采用高性能、低噪声和低能耗的机械设备。

（7）在绿色施工评价前，依据工程项目环境影响因素分析情况，应对绿色施工评价要素中一般项和优选项的条目数进行相应调整，并经工程项目建设和监理方确认后，作为绿色施工的评价依据。

（8）在工程开工前，施工单位应完成绿色施工的各项准备工作。

6.3 施工场地

6.3.1 一般规定

（1）在施工总平面设计时，应对施工场地、环境条件进行分析，针对不利因素制定相应保护措施。

（2）施工总平面布置应充分利用场地及周边现有和拟建建筑物、构筑物、道路和管线等。

（3）施工前应制定合理的场地使用计划；施工中应减少场地干扰，保护环境。

（4）施工现场临时设施的占地面积可按最低面积指标设计，合理有效使用临时设施用地。

（5）塔式起重机等垂直运输设施基座宜采用可重复利用的装配式基座，或利用在建工程的结构。

6.3.2 施工总平面图布置

（1）施工现场平面布置应符合下列规定：

1）在满足施工需要前提下，应减少施工用地，施工现场布置紧凑合理；

2）应合理布置起重机械和各项施工设施，统筹规划施工道路；

3）应合理划分施工分区和流水段，减少专业工种之间交叉作业。

（2）施工现场平面布置应综合考虑施工各阶段的特点和要求，实行动态管理。

（3）施工现场生产区、办公区和生活区应实现相对隔离。

（4）施工现场应针对不同的污、废水特点，设置沉淀池、隔油池、化粪池等处理装置。

（5）施工现场作业棚、库房、材料堆场等布置宜靠近交通线路；施工现场的强噪声设备宜远离噪声敏感区；施工现场应设置明显的绿色施工标识。

6.3.3 场区围护及道路布置

（1）施工现场大门、围挡和围墙宜采用可重复利用的材料和部件，并应实现工具化、标准化。

（2）施工现场入口应设置绿色施工制度图牌，内容应涵盖"四节一环保"。

（3）施工现场道路应按照永久道路和临时道路相结合的原则合理布置。

（4）施工现场主要道路的硬化处理宜采用可周转使用的材料

和构件。

（5）施工现场围墙、大门和施工道路周边宜设置绿化隔离带。

6.3.4 施工现场临时设施

施工现场临时设施的设计、布置和使用，应采取有效的节能降耗措施，并符合下列规定：

（1）应利用场地自然条件，临时建筑的体形宜规整，应有自然通风和采光，并满足节能要求。

（2）临时设施宜选用由高效保温、隔热、防火材料制成的复合墙体和屋面，以及密封保温隔热性能好的门窗。

（3）临时设施建设不宜使用一次性墙体材料。

办公和生活临时用房应采用可重复利用的房屋。严寒和寒冷地区的外门应采取防寒措施。

6.4 地基基础工程

6.4.1 一般规定

（1）桩基础施工应选用低噪、环保、节能、高效的机械设备和工艺。

（2）地基与基础工程施工时，应识别场地内及相邻周边现有的自然、文化和建（构）筑物特征，并采取相应措施加以保护。应对施工场地、环境条件进行分析，内容包括：施工现场的作业时间和作业空间、具有的能源和设施、自然环境、社会环境、工程施工所选的料具性能等。场内发现文物时，应立即停止施工，派专人看管，并通知当地文物主管部门。

（3）在选择施工方法和施工机械、安排施工顺序、布置施工场地时，应充分考虑气候特征。

（4）地基与基础工程施工应符合下列规定：

1）现场土、料存放应采取加盖或植被覆盖措施；

2）土方、渣土运输车应有防止遗撒和扬尘的措施；

3）对施工过程产生的泥浆，应设置专门的泥浆池或泥浆罐车储存。

6.4.2 基坑与土石方工程

（1）土石方工程开挖前应进行挖、填方的平衡计算，在土方场内应做到有效利用、最短运距、工序衔接紧密，弃土应调配使用、就近消纳。

（2）制定合理的土方处理方案。宜采用逆作法或半逆作法施工，施工中应采取通风和降温等改善地下工程作业条件的措施。

（3）工程渣土应分类堆放和运输。其再生利用应符合现行国家标准《工程施工废弃物再生利用技术规范》GB/T 50743—2012 的规定。

（4）在受污染的场地进行施工时，应对土质进行专项检测和治理。

（5）土石方爆破施工前，应进行爆破方案的编制和评审，并采用防尘和飞石控制措施。

（6）4 级以上大风天气，不宜进行土石方爆破施工作业。

6.4.3 桩基工程

（1）工程施工中，成桩工艺应根据工程设计并结合当地实际情况进行选择；宜优先选择机械成孔灌注桩或预制桩。

（2）在城区施工混凝土预制桩和钢桩时，宜采用静压沉桩工艺工程桩。桩基工程施工结束后，桩顶剔除的部分应加以利用。

（3）混凝土灌注桩施工应符合下列规定：

1）泥浆护壁机械成孔施工灌注桩时，应采取防止泥浆外溢的措施；

2）施工现场应设置专用泥浆池，并及时清理沉淀的废渣。

（4）工程桩不宜采用人工挖孔成桩。特殊情况采用时，应采取护壁、通风和防坠落措施。

（5）在桩穿越土层分层起伏较大、软硬不均时，若采用统一的桩长，必然带来接桩的风险或砍桩的极大浪费，桩基施工中可根据地质勘察报告和相邻桩的深度，确定每根桩的最可能压入深度，合理配置桩长，减少不必要的浪费。

（6）工程桩桩顶剔除部分的再生利用应符合现行国家标准《工程施工废弃物再生利用技术规范》GB/T 50743—2012 的规定。

6.4.4 地基处理工程

（1）换填法施工应符合下列规定：

1）回填土施工应采取防止扬尘的措施，避免大风天气作业，施工间歇时应对回填土进行覆盖；

2）当采用砂石料作为回填材料时，宜采用振动碾压；

3）灰土过筛施工应采取避风措施；

4）开挖原土的土质不适宜回填时，应采取土质改良措施后加以利用。

（2）具有膨胀性土质地区的土方回填，可在膨胀土中掺入石灰、水泥或其他固化材料，令其满足回填土土质要求，从而减少土方外运，保护土地资源。

（3）强夯法施工不宜在市区或人口密集地区使用。

（4）高压喷射注浆法施工的浆液应有专用容器存放，置换出的废浆应及时收集清理。

（5）采用砂石回填时，砂石填充料应保持湿润，并及时清理。

（6）基坑支护结构采用锚杆（锚索）时，宜优先采用可拆式锚杆。

（7）喷射混凝土施工宜采用湿喷或水泥裹砂喷射工艺，并采取防尘措施。锚喷作业区的粉尘浓度不应大于 10mg/m³，喷射混凝土作业人员应佩戴防尘用具。

6.4.5 基坑工程地下水控制

（1）基坑降水宜采用基坑封闭降水方法。施工降水应遵循保护优先、合理抽取、抽水有偿、综合利用的原则，宜采用连续墙、"护坡桩＋桩间旋喷桩"，"水泥土桩＋型钢"等全封闭帷幕隔水施工方法，隔断地下水进入基坑施工区域。

（2）基坑施工排出的地下水应加以利用。基坑施工排出的地下水可用于冲洗、降尘、绿化、养护混凝土等。

（3）采用井点降水施工时，应根据施工进度进行水位自动控制：

1）轻型井点降水应根据土层渗透系数，合理确定降水深度、井点间距和井点管长度；

2）管井降水应在合理位置设置自动水位控制装置，在满足施工需要的前提下，尽量减少地下水抽取。

（4）当无法采用基坑封闭降水，且基坑抽水对周围环境可能造成不良影响时，应采用地下水回灌措施，并采取地下水防污染措施。

（5）不同地区应根据建设行政主管部门的规定执行。鼓励采取措施避免工程施工降水，保护地下水资源。

6.5 主体结构工程

6.5.1 一般规定

预制装配式结构构件，宜采取工厂化加工；构件的加工和进场顺序应与现场安装顺序一致；构件的运输和存放应采取防止变形和损坏的措施。

钢结构、预制装配式混凝土结构、木结构采取工厂化生产、现场安装，有利于保证质量、提高机械化作业水平、减少施工现场土地占用，应大力提倡。当采取工厂化生产时，构件的加工和进场，应按照安装的顺序，随安装随进场，减少现场存放场地的二次倒运。

构件在运输和存放时，应采用正确支垫或专用支架存放，防止构件变形或损坏。

基础和主体结构施工应统筹安排垂直和水平运输机械。基础和主体施工阶段的大型结构件安装，一般需要较大能力的起重设备，为节省机械费用，在安排构件安装机械的同时，应考虑混凝土、钢筋等其他分部分项工程施工垂直运输的需要。

施工现场宜采用预拌混凝土和预拌砂浆。现场搅拌混凝土和砂浆时，宜使用散装水泥；搅拌机棚应有封闭降噪和防尘措施。预拌砂浆是指由专业生产厂生产的湿拌砂浆或干混砂浆。其中，干混砂浆需现场拌合，并采取防尘措施。经批准进行混凝土现场搅拌时，宜使用散装水泥，节省包装材料；搅拌机应设在封闭的棚内，以降噪和防尘。

6.5.2 混凝土结构工程

1. 钢筋工程

（1）钢筋宜采用专用软件优化放样下料，根据优化配料结果，合理确定进场钢筋的定尺长度；在满足相关规范要求的前提下，合理利用短筋。使用专用软件进行优化钢筋配料，能合理确定进场钢筋的定尺长度，充分利用短钢筋，减少钢筋损耗和浪费。

（2）钢筋工程宜采用专业化生产的成型钢筋。钢筋现场加工时，宜采用集中加工方式。

（3）钢筋连接宜采用机械连接方式。采用先进的钢筋连接方式，不仅质量可靠，而且节省材料。

（4）进场钢筋原材料和加工半成品应存放有序、标识清晰、便于使用和辨认；储存环境适宜，现场存放场地应有排水、防潮、防锈、防泥污等措施。

（5）钢筋除锈时，应采取避免扬尘和防止土壤污染的措施。

钢筋除锈、冷拉、调直、切断等加工过程中，会产生金属粉末和锈皮等废弃物，应及时收集处理，防止污染土地。

（6）钢筋加工中使用的冷却液体，应过滤后循环使用，不得随意排放。钢筋加工产生的粉末状废料，应按建筑垃圾及时收集和处理，不得随意掩埋或丢弃。

（7）钢筋安装时，绑扎丝、焊剂等材料应妥善保管和使用，散落的残余废料应及时收集利用，减少材料浪费。

2. 模板工程

（1）一般规定

施工中应选用周转率高的模板和支撑体系。制作模板及支撑体系方案时，应贯彻"以钢代木"和应用新型材料的原则，模板宜选用可回收利用的塑料、铝合金、玻璃钢等材料，尽量减少木材使用，保护森林资源。

推荐使用大模板、定型模板、爬升模板和早拆模板等工业化模板体系。使用工业化模板体系，机械化程度高、施工速度快、工厂化加工、减少现场作业和场地占用，应积极推广使用。

采用木或竹制模板时，宜采取工厂化定型加工、现场安装的方式，不得在工作面上直接加工拼装。在现场加工时，应设封闭场所集中加工，并采取有效的隔声和防粉尘污染措施。

为提高模板周转率，提倡使用工厂加工的钢框架、竹胶合模板；如在现场加工此类模板时，应封闭加工棚，防止粉尘和噪声污染。

应提高模板加工和安装精度。模板加工和安装的精度，直接决定了混凝土构件的尺寸和表面质量。

脚手架和模板支撑宜选用承插式、碗扣式、盘扣式等管件合一的脚手架材料搭设。

高层建筑结构施工，应采用整体或分片提升的工具式脚手架和分段悬挑式脚手架。

模板及脚手架施工应及时回收散落的铁钉、铁丝、扣件、螺栓等材料。模板及脚手架施工，应采取措施防止小型材料配件丢失或散落，节约材料和保证施工安全；对不慎散落的铁钉、铁丝、扣件、螺栓等小型材料配件，应及时回收利用。

用作模板龙骨的残损短木料，可采用"叉接"接长技术接长使用；木、竹胶合板配料剩余的边角余料可拼接使用，节约材料。

模板脱模剂应选用环保型产品，并由专人保管和涂刷，剩余部分应及时回收。模板拆除应采取措施防止损坏，并及时检修维护、妥善保管。

模板拆除时，模板和支撑应采用适当的工具、按规定的程序进行，不应乱拆乱撬；并应随拆随运，防止交叉、叠压、碰撞等造成损失。不慎损坏的应及时修复；暂时不使用的应采取保护措施。

（2）节材型低碳化模板体系

在建筑施工中，模板与脚手架的成本大约占总造价的20%～30%，而且模板搭设及拆除占总工时的35%～50%。因此，采用优良的模架体系，除了保证安全之外，还能达到高效、节能、低碳、节材、环保等目标。目前工程上开始采用的节材型低碳化模板体系主要有：

1）铝合金模板

采用铝板和型材焊接而成，并采用销钉、高强度螺栓等进行连接，具有周转次数多（300～500次）、施工方便、效率高、稳定性高、承载力高、现场无施工垃圾、低碳环保等优点，可以广泛使用在结构质量标准高、结构随楼层变化小、可周转次数较多的建筑。

2）玻璃钢圆柱模板

以环氧树脂为粘结材料、低碱玻璃纤维平纹布为增强材料，可以根据浇筑柱子的圆周周长和高度制作的工具室模板，利用槽钢箍安装活动梯，利用定位柱搭设操作平台，成为独立的操作单位。该模板装拆轻便，尤其利于用起重设备直接提升脱模，浇筑的混凝土表面平整光亮，且造价低、重复利用率高，可以适用于不同直径的现浇钢筋混凝土圆柱施工。此种模板体系比传统钢模板、木模板省工、省料，施工效率高，劳动强度低，经济效果比较显著。

3）塑钢模板

是一种节能型和绿色环保产品，系木模板、组合钢模板、竹木胶合模板、全钢大模板之后又一新型换代产品。塑钢模板是在消化吸收欧洲先进的设备制造技术和高端的加工经验基础上，坚持以先进的产品和工艺技术，通过高温 200℃挤压而成的复合材料，具有平整光洁、脱模简便、利于养护、可变性强、周转次数多、节能环保等优点，是建筑施工工程模板材料的一次新的革命。

6.5.3 混凝土工程

（1）施工中应合理确定混凝土配合比，混凝土中宜添加粉煤灰、磨细矿渣粉等工业废料和高效减水剂。当混凝土中添加粉煤灰时，宜利用其后期强度。

（2）混凝土宜采用泵送、布料机布料浇筑；地下大体积混凝土宜采用溜槽或串筒浇筑。

（3）超长无缝混凝土结构宜采用滑动支座法、跳仓法和综合治理法施工。当裂缝控制要求较高时，可采用低温补仓法施工。

（4）大体积混凝土的温控措施可以采用"内降外保"的综合措施。即在混凝土表面覆盖塑料薄膜和毛毯等，以减少热量散发，提高面层混凝土温度；在混凝土内部预埋冷却水管，通过水降温，降低内部温度，从而降低混凝土内外温差。混凝土覆盖冷却水管后，即开始通水降温，出水口水的温度较高，直接引至基础表面作养护水，提高混凝土的表面温度。

（5）混凝土振捣是产生较强噪声的作业方式，应选用低噪声的振捣设备。在噪声敏感环境或钢筋密集时，宜采用自密实混凝土。

（6）混凝土宜采用塑料薄膜加保温材料覆盖保湿、保温养护；当采用洒水或喷雾养护时，养护用水宜使用回收的基坑降水或雨水；混凝土竖向构件宜采用养护剂养护。

（7）混凝土结构宜采用清水混凝土，其表面应涂刷保护剂，以增强混凝土的耐久性。

（8）浇筑剩余的少量混凝土，应制成小型预制件，不得随意倾倒或作为建筑垃圾处理。每次浇筑混凝土，不可避免地会有少量剩余，应制成小型的预制件，用于临时工程，或在不影响工程质量的前提下，用于门窗过梁、沟盖板、隔断墙中的预埋件砌块等，充分利用剩余材料，不得随意倒掉或当作建筑垃圾处理。

（9）清洗泵送设备和管道的污水应经沉淀后回收利用，浆料分离后可作室外道路、地面等垫层的回填材料。

6.5.4 砌体结构工程

（1）砌体结构宜采用工业废料或废渣制作的砌块及其他节能环保的砌块。

（2）砌块运输宜采用托板整体包装，现场应减少二次搬运。

（3）砌块湿润和砌体养护宜使用检验合格的非传统水源。

（4）砌块应按组砌图砌筑；非标准砌块应在工厂加工，按计划进场，现场切割时应集中加工，并采取防尘降噪措施。

（5）毛石砌体砌筑时产生的碎石块，应用于填充毛石块间空隙，不得随意丢弃。

（6）砌筑施工时，落地灰应及时清理、收集和再利用。

6.5.5 钢结构工程

（1）钢结构安装连接宜选用高强螺栓连接，钢结构宜采用金属涂层进行防腐处理。

（2）钢结构深化设计时，应结合加工、运输、安装方案和焊接工艺要求，合理确定分段、分节数量和位置，优化节点构造，减少钢材用量。

（3）钢结构施工前应合理选择安装方案，大跨度钢结构安装宜采用起重机吊装、整体提升、顶升和滑移等机械化程度高、劳动强度低的方法。

（4）钢结构加工应制定废料减量计划，优化下料，综合利用余料，废料应分类收集、集中堆放、定期回收处理。

（5）钢材、零（部）件、成品、半成品件和标准件等应堆放在平整、干燥场地或仓库内。

（6）复杂空间钢结构制作和安装，应预先采用仿真技术模拟施工过程和状态。

（7）钢结构现场涂料应采用无污染、耐候性好的材料，减少涂料浪费和对环境的污染。防火涂料喷涂施工时，应采取防止涂料外泄的专项措施。

6.5.6 其他

（1）安装装配式混凝土结构构件时需要临时固定用的埋件或螺栓，以及室内外装饰、装修需要连接的预埋件，应在工厂加工时准确预留、预埋，防止事后剔凿破坏，造成不必要的浪费。

（2）钢混组合结构中的钢结构构件与钢筋的连接方式（穿孔法、连接件法和混合法等）应在深化设计时确定，并绘制加工图，表示出预留孔洞、焊接套筒、连接板位置和大小，且在工厂加工完成，不得现场临时切割或焊接，以防止损坏钢构件。

（3）索膜结构施工时，索、膜应工厂化制作和裁剪，现场安装。索膜结构的索和膜均应在工厂按照计算机模拟张拉后的尺寸下料，制作和安装连接件，进而运至现场安装张拉。

6.6 装饰装修工程

装饰装修阶段涉及的分项工程多，专业分包多，分包方式多，装饰装修材料、管材、型材及各设备种类和数量较多，决定了此阶段开展绿色施工管理的难度较大。

6.6.1 一般规定

施工前,块材、板材和卷材应进行排板优化设计。块材、板材、卷材类材料包括地砖、石材、石膏板、壁纸、地毯以及木制、金属、塑料类等材料。施工前应进行合理排板,减少切割和因此产生的噪声及废料等。

门窗、幕墙、块材、板材宜采用工厂化加工,减少现场加工而产生的占地、耗能以及可能产生的噪声和废水。五金件、连接件、构造性构件宜采用标准件。

装饰用砂浆宜采用预拌砂浆,落地灰应回收使用。

材料的包装物应分类回收。

建筑装饰装修成品和半成品应根据其部位和特点,采取相应的保护措施,避免损坏、污染或返工。

室内装饰装修材料应按有关规范要求进行甲醛、氨、挥发性有机化合物和放射性等有害指标的检测。民用建筑工程的室内装修,所采用的涂料、胶粘剂、水性处理剂必须有同批次产品的挥发性有机化合物和游离甲醛含量检测报告。

不得采用沥青类、煤焦油类等材料作为室内防腐、防潮处理剂。

民用建筑工程验收时,必须进行室内环境污染物浓度检测。装饰装修阶段所涉及的建筑材料非常多,如建筑内外墙涂料、内外墙腻子、瓷砖、大理石、木材、给排水管、通风管、空调管道等,施工过程中及竣工投入营运后,直接或间接地与人接触,需要对这些材料的有害物质含量进行控制。用于施工现场的材料必须是绿色环保的装饰装修材料,其有害物质含量必须满足相应的标准规范要求(表 6-1)。

6.6.2 地面工程

地面基层处理应符合下列规定:

(1)基层粉尘清理应采用吸尘器;没有防潮要求的,可采用洒水降尘等措施。

民用建筑工程室内环境污染物浓度限量　　表 6-1

污染物	Ⅰ类民用建筑工程	Ⅱ类民用建筑工程
氡（Bq/m³）	≤200	≤400
甲醛（mg/m³）	≤0.08	≤0.1
苯（mg/m³）	≤0.09	≤0.09
氨（mg/m³）	≤0.2	≤0.2
TVOC（mg/m³）	≤0.5	≤0.6

（2）基层需要剔凿的，应采用噪声小的剔凿方式。

地面找平层、隔气层、隔音层施工应符合下列规定：

（1）找平层、隔气层、隔音层应严格控制厚度允许偏差。

（2）干作业应有防尘措施。

（3）湿作业应采用喷洒方式保湿养护。

水磨石地面施工应符合下列规定：

（1）应对地面洞口、管线口进行封堵，墙面应采取防污染措施。

（2）应采取水泥浆收集处理措施。

（3）宜在水磨石地面完成后，进行房间其他饰面层的施工。

（4）现制水磨石地面应制定控制污水和噪声的措施。

施工现场切割地面块材时，应采取降噪措施。切割用水应集中收集处理。

地面养护期内不得上人或堆物，对地面成品、半成品应采取保护措施。

6.6.3　门窗及幕墙工程

（1）外窗和幕墙宜采用断桥型材、镀膜中空玻璃等节能产品。

（2）木制、塑钢、金属门窗应采取成品保护措施。

（3）外门窗安装应与外墙面装修同步进行，宜采取遮阳措施。

（4）门窗框周围的缝隙填充应采用憎水保温材料。

（5）幕墙与主体结构的预埋件应在结构施工时埋设。

（6）连接件应采用耐腐蚀材料或采取可靠的防腐措施。

（7）硅胶使用应进行相容性和耐候性复试。

6.6.4 吊顶工程

（1）吊顶施工应减少板材、型材的切割。

（2）使用温湿度敏感材料进行大面积吊顶施工时，应采取防止变形和裂缝的措施。温湿度敏感材料是指变形、强度等受温度、湿度变化影响较大的装饰材料．如纸面石膏板、木工板等。

（3）高大空间的整体顶棚施工，宜采用地面拼装、整体提升就位的方式。

（4）高大空间吊顶施工时，宜采用可移动式操作平台或吊篮。

6.6.5 隔墙及内墙面工程

（1）隔墙材料宜采用轻质砌块砌体或轻质墙板，严禁采用实心烧结黏土砖。

（2）预制板或轻质隔墙板间的填塞材料应采用弹性或微膨胀的材料。隔墙应满足隔音要求，防火分区隔断墙应满足防火要求。

（3）抹灰墙面应采用喷雾方法进行养护。在砌筑和抹灰过程中，要控制预拌砂浆的进货速度。

（4）抹灰前需要对墙面进行预湿处理，一般在抹灰操作前1d需要对墙体淋水 2~3 次，使加气块墙体的渗水深度在 10~20mm，墙体含水率保持在 10%～15%。抹灰后需要对抹灰砂浆进行保湿养护，保湿养护时间不少于 7d。

（5）内、外墙刷涂料前，需要对已经抹在墙上的腻子进行打磨处理，以改善墙面的平整度。涂料施工前应采取遮挡、防止挥发和劳动保护等措施。涂料基层含水率应符合相关标准要求，涂料施工应有防污染措施。

6.7 保温和防水工程

6.7.1 一般规定

（1）保温和防水工程施工时，除应分别满足建筑节能和防水设计的要求外，宜采用新材料、新技术和新工艺。

（2）保温和防水材料及辅助用材的有害物质限量应符合有关标准规定。应根据材料特性进行有害物质限量的现场复检。

（3）板材、块材和卷材施工应结合保温和防水的工艺要求，预先进行排板。

（4）保温和防水材料在运输、存放和使用时，应根据其性能采取防水、防潮和防火措施。

6.7.2 保温工程

（1）保温施工宜选用结构自保温、保温与装饰一体化、保温板兼作模板、全现浇混凝土外墙与保温一体化和管道保温一体化等方案。

（2）采用外保温材料的墙面和屋顶，不宜进行焊接、钻孔等施工作业。确需施工作业时，应采取防火保护措施，并应在施工完成后，及时对裸露的外保温材料进行防护处理。

（3）现浇泡沫混凝土保温层施工应符合下列规定：

1）水泥、集料、掺合料等宜工厂干拌、封闭运输；

2）拌制的泡沫混凝土宜泵送；

3）搅拌和泵送设备及管道等冲洗水应收集处理；

4）养护应采用覆盖、喷洒等节水方式。

（4）保温砂浆施工应符合下列规定：

1）保温砂浆材料宜采用干拌砂浆；

2）现场拌合应随用随拌；

3）落地浆体应及时收集利用。

（5）玻璃棉、岩棉保温层施工应符合下列规定：

1）玻璃棉、岩棉类保温材料，应封闭存放；

2）玻璃棉、岩棉类保温材料现场裁切后应封闭包装；

3）施工人员应配置劳保防护用具；

4）剩余材料及下脚料应回收；

5）雨天、4级以上大风天气不得进行室外作业。

（6）泡沫塑料类保温层施工应符合下列规定：

1）聚苯乙烯泡沫塑料板余料应全部回收；

2）现场喷涂硬泡聚氨酯时，喷嘴与施工基面的距离应适当，并应对作业面采取遮挡、防风和防护措施；

3）现场喷涂硬泡聚氨酯时，环境温度宜在10～40℃，空气相对湿度宜小于80%，风力不宜大于3级；

4）硬泡聚氨酯现场作业应准确计算使用量，随配随用。

6.7.3 防水工程

（1）基层清理应采取控制扬尘的措施。

（2）卷材防水层施工应符合下列规定：

1）宜采用自粘型防水卷材；

2）采用热熔法施工时，应控制燃料泄漏，并控制易燃材料储存点与作业点的间距。高温环境或封闭条件施工时，应采取措施加强通风；

3）防水层不宜采用热粘法施工；

4）采用的基层处理剂和胶粘剂应选用环保型材料，并封闭存放；

5）防水卷材余料应及时回收。

（3）涂膜防水层施工应符合下列规定：

1）液态防水涂料和粉末状涂料应采用封闭容器存放，余料应及时回收；

2）涂膜防水宜采用滚涂或涂刷工艺，当采用喷涂工艺时，应采取防止污染的措施；

3）涂膜固化期内应采取保护措施。

6.8 机电安装工程

6.8.1 一般规定

（1）机电安装工程应推广工厂化制作、整体化安装的方法。

（2）机电安装工程施工前，应对通风空调、给排水、强弱电、末端设施布置及装修等综合分析，并绘制综合管线图。

（3）机电安装工程的临时设施应与工程总体部署统一考虑。管线的预埋、预留应与土建及装修工程同步进行，不得现场临时剔凿。

（4）除锈、防腐宜在工厂内完成，现场涂装时应采用无污染、耐候性好的材料。

（5）机电安装工程应选用高能效、低能耗的机械设备。

6.8.2 管道工程

（1）管道连接宜采用机械方式。

（2）管道宜采用工厂化加工。采暖散热片组装应在工厂完成。

（3）设备安装产生的油污应及时清理。

（4）管道试验及冲洗用水应有组织排放，处理后重复利用。

（5）污水管道、雨水管道试验及冲洗用水宜利用施工现场收集的雨水或中水。

6.8.3 通风工程

（1）预制风管宜进行工厂化制作。下料时应先下大管料，再下小管料，先下长料，后下短料。

（2）预制风管安装前应将内壁清扫干净。

（3）预制风管连接宜采用机械连接方式。

（4）砌筑墙体风道内壁抹灰表面应密闭、光滑、平整。

（5）冷媒储存应采用压力密闭容器。

6.8.4　电气工程

（1）电线导管暗敷应做到线路最短。电缆应按照实际尺寸订购，线径应合理选择。

（2）应选用节能型电线、电缆和灯具等，并进行节能测试。

（3）预埋管线口应采取临时封堵措施。

（4）线路连接宜采用免焊接头和机械压接方式。

（5）不间断电源柜试运行时，应进行噪声监测。

（6）不间断电源安装时，应防止电池液泄漏，废旧电池应回收。

（7）电气设备的试运行不得低于规定时间，且不应超过规定时间的 1.5 倍。

6.9　拆除工程

6.9.1　一般规定

（1）拆除工程应制定专项方案。拆除方案应明确拆除的对象及其结构特点、拆除方法、安全措施、拆除物的回收利用方法等。

（2）建筑物拆除过程应控制废水、废弃物、粉尘的产生和排放。

（3）建筑物拆除应按规定进行公示。

（4）4 级风以上、大雨或冰雪天气，不得进行露天拆除施工。

（5）建筑拆除物处理应符合充分利用、就近消纳的原则。

（6）拆除物应根据材料性质进行分类，并加以利用；剩余的废弃物应做无害化处理。

6.9.2 拆除施工准备

（1）拆除施工前，拆除方案应得到相关方批准；应对周边环境进行调查和记录，界定影响区域。

（2）拆除工程应按建筑构配件的情况，确定保护性拆除或破坏性拆除。

（3）拆除施工应依据实际情况，分别采用人工拆除、机械拆除、爆破拆除和静力破碎的方法。

（4）拆除施工前，应制定应急预案。

（5）拆除施工前，应制定防尘措施；采取水淋法降尘时，应采取控制用水量和污水流淌的措施。

6.9.3 拆除施工

（1）人工拆除前，应制定安全防护和降尘措施。拆除管道及容器时，应查清残留物性质并采取相应安全措施，方可进行拆除施工。

（2）机械拆除宜选用低能耗、低排放、低噪声的机械；并合理确定机械作业位置和拆除顺序，采取保护机械和人员安全的措施。

（3）在爆破拆除前，应进行试爆，并根据试爆结果，完善拆除方案。

（4）爆破拆除时，防尘和飞石控制应符合下列规定：

1）钻机成孔时，应设置粉尘收集装置，或采取钻杆带水作业等降尘措施；

2）爆破拆除时，可采用在爆点位置设置水袋的方法或多孔微量爆破的方法；

3）爆破完成后，宜采用高压水枪进行水雾消尘；

4）对重点防护的范围，应在其附近架设防护排架，并挂金属网防护。

（5）对烟囱、水塔等高大建（构）筑物进行爆破拆除时，应在倒塌范围内，采取铺设缓冲垫层或开挖减震沟等触地防震措施。

（6）在城镇或人员密集区域，爆破拆除宜采用对环境影响小的静力爆破，并应符合下列规定：

1）采用具有腐蚀性的静力破碎剂作业时，灌浆人员必须佩戴防护手套和防护眼镜；

2）静力破碎剂不得与其他材料混放；

3）爆破成孔与破碎剂注入不宜同步施工；

4）破碎机注入时，不得进行相邻区域的钻孔施工；

5）孔内注入破碎剂后，作业人员应保持安全距离，不得在注孔区域行走；

6）使用静力破碎发生异常情况时，必须停止作业；待查清原因采取安全措施后，方可继续施工。

6.9.4 拆除物的综合利用

（1）建筑拆除物分类和处理应符合现行国家标准《工程施工废弃物再生利用技术规范》GB/T 50743—2012 的规定；剩余的废弃物应做无害化处理。

（2）不得将建筑拆除物混入生活垃圾，不得将危险废弃物混入建筑拆除物。

（3）拆除的门窗、管材、电线、设备等材料应回收利用。

（4）拆除的钢筋和型材应经分拣后再生利用。

6.10 绿色施工要点

6.10.1 环境保护技术要点

1. 扬尘控制

工程在土方作业、结构施工、安装装饰装修、建（构）筑物机械拆除、建（构）筑物爆破拆除等时，要采取洒水、地面硬化、围挡、密网覆盖、封闭等措施，防止产生扬尘。

2. 噪声与振动控制

现场噪声排放不得超过国家标准《建筑施工场界环境噪声排放标准》GB 12523—2011 的规定。在施工场界对噪声进行实时监测与控制。监测方法执行上述国家标准。使用低噪声、低振动的机具，采取隔声与隔振措施，避免或减少施工噪声和振动。

3. 光污染控制

尽量避免或减少施工过程中的光污染。夜间室外照明灯加设灯罩。透光方向集中在施工范围。电焊作业采取遮挡措施，避免电焊弧光外泄。

4. 水污染控制

施工现场污水排放应达到国家标准《污水综合排放标准》GB 8978—1996 的要求。在施工现场针对不同的污水，设置相应的处理设施，如沉淀池、隔油池、化粪池等。基坑降水尽可能少地抽取地下水。

对于化学品等有毒材料、油料的储存地，应有严格的隔水层设计，做好渗漏液收集和处理。

5. 土壤保护

保护地表环境，防止土壤侵蚀、流失。因施工造成的裸土，及时覆盖砂石或种植速生草种，以减少土壤侵蚀；因施工造成容易发生地表径流土壤流失的情况，应采取设置地表排水系统、稳定斜坡、植被覆盖等措施，减少土壤流失。

6. 建筑垃圾控制

加强建筑垃圾的回收再利用，使建筑垃圾的再利用和回收率达到30％。对于碎石类、土石方类建筑垃圾，可采用地基填埋、铺路等方式提高再利用率，力争再利用率大于50％。施工现场生活区设置封闭式垃圾容器，施工场地生活垃圾实行袋装化及时清运。对建筑垃圾进行分类，并收集至现场封闭式垃圾站，集中运出。

7．地下设施、文物和资源保护

施工前应调查清楚地下各种设施，做好保护计划，保证施工场地周边的各类管道、管线、建筑物、构筑物的安全运行。施工过程中一旦发现文物，立即停止施工，保护现场并报告文物部门，协助其做好工作。

6.10.2 节材与材料资源利用技术要点

1．节材措施

图纸会审时，应审核节材与材料资源利用的相关内容。根据施工进度、库存情况等合理安排材料的采购、进场时间和批次，减少库存。材料运输工具适宜，装卸方法得当，防止损坏和散落。根据现场平面布置情况，就近卸载，避免和减少二次搬运。

现场材料堆放有序。储存环境适宜，措施得当。保管制度健全，责任落实。施工中采取技术和管理措施，提高模板、脚手架等的周转次数。优化安装工程的预留、预埋、管线路径等方案。

2．结构材料

推广使用预拌混凝土和商品砂浆。准确计算采购数量、供应频率、施工进度等，在施工过程中进行动态控制。推广使用高强钢筋和高性能混凝土，减少资源消耗。推广钢筋专业化加工和配送。优化钢筋配料和钢构件下料方案。优化钢结构制作和安装方法。大型钢结构宜采用工厂制作、现场拼装的方法，通过分段吊装、整体提升、滑移、顶升等，减少方案的用材量。

3．围护材料

门窗、屋面、外墙等围护结构选用耐候性及耐久性良好的材料，施工确保密封性、防水性和保温隔热性。

4．装饰装修材料

（1）贴面类材料在施工前，应进行总体排板策划，减少非整块材的数量。

（2）采用非木质的新材料或人造板材代替木质板材。

（3）防水卷材、壁纸、油漆及各类涂料基层必须符合要求，避免起皮、脱落。各类油漆及胶粘剂应随用随开启，不用时及时封闭。

（4）幕墙及各类预留预埋应与结构施工同步。

（5）木制品、木装饰用料等各类板材及玻璃等宜在工厂采购或定制。

（6）采用自粘类片材，减少现场液态胶粘剂的使用量。

5. 周转材料

（1）周转材料应选用耐用、维护与拆卸方便的周转材料和机具。推广使用定型钢模、钢框胶合板、铝合金模板、塑料模板。多层、高层建筑使用可重复利用的模板体系，模板支撑宜采用工具式支撑。高层建筑的外脚手架，采用整体提升、分段悬挑等方案。

（2）现场办公和生活用房采用周转式活动房。现场围挡应最大限度地利用已有围墙，或采用装配式可重复使用围挡封闭。力争工地临房、临时围挡材料的可重复使用。

6.10.3 节水与水资源利用技术要点

1. 提高用水效率

施工现场供水管网应根据用水量设计布置，管径合理、管路简捷，采取有效措施减少管网和用水器具的漏损。施工现场喷洒路面、绿化浇灌宜采用经过处理的中水。现场机具、设备、车辆冲洗用水必须设立循环用水装置。施工现场办公区、生活区的生活用水采用节水系统和节水器具，提高节水器具配置比率。项目临时用水应使用节水型产品，安装计量装置，采取针对性的节水措施。

2. 非传统水源利用

（1）优先采用中水搅拌、中水养护，有条件的地区和工程应收集雨水养护。

（2）处于基坑降水阶段的工地，宜优先采用地下水作为混凝土搅拌用水、养护用水、冲洗用水和部分生活用水。

159

（3）现场机具、设备、车辆冲洗、喷洒路面、绿化浇灌等用水，优先采用非传统水源，尽量不使用市政自来水。

（4）大型施工现场，尤其是雨量充沛地区的大型施工现场，应建立雨水收集利用系统，充分收集自然降水，用于施工和生活中合适的场合。

（5）施工中应尽可能采用非传统水源和循环水再利用。

6.10.4 节能与能源利用技术要点

1. 节能措施

制定合理施工能耗指标，提高施工能源利用率。优先使用国家、行业推荐的节能、高效、环保的施工设备和机具，如选用变频技术的节能施工设备等。

在施工组织设计中，合理安排施工顺序、工作面，减少作业区域的机具数量，相邻作业区应充分利用共有的机具资源。安排施工工艺时，应优先考虑耗用电能或其他能耗较少的施工工艺。避免设备额定功率远大于使用功率或超负荷使用设备的现象。

根据当地气候和自然资源条件，充分利用太阳能、地热等可再生能源。

2. 机械设备与机具

建立施工机械设备管理制度，开展用电、用油计量，完善设备档案，及时做好维修保养工作，使机械设备保持低耗、高效的状态。

选择功率与负载相匹配的施工机械设备，避免大功率施工机械设备低负载长时间运行。机电安装可采用节电型机械设备，如逆变式电焊机和能耗低、效率高的手持电动工具等，以利于节电。机械设备宜使用节能型油料添加剂，在可能的情况下，考虑回收利用，节约油量。

3. 生产、生活及办公临时设施

利用场地自然条件，合理设计生产、生活及办公临时设施的体形、朝向、间距和窗墙面积比，使其获得良好的日照、通风和采光。南方地区可根据需要在其外墙窗设遮阳设施。

临时设施宜采用节能材料，墙体、屋面使用隔热性能好的材料，减少夏季空调、冬季取暖设备的使用时间及耗能量。

4. 施工用电及照明

临时用电优先选用节能电线和节能灯具，临电线路合理设计、布置，临电设备宜采用自动控制装置。采用声控、光控等节能照明灯具。

6.11 开发绿色施工的新技术、新工艺、新材料与新设备

施工企业应建立健全绿色施工管理体系，对有关绿色施工的技术、工艺、材料、设备等，应建立推广、限制、淘汰公布制度和管理办法。发展适合绿色施工的资源利用与环境保护技术，对落后的施工技术、工艺、设备、材料等进行限制或淘汰，鼓励绿色施工技术的发展，推动绿色施工技术的创新。

住房和城乡建设部在《建筑业 10 项新技术（2016）》中专门列了"绿色施工技术"一章，其中包括基坑施工封闭降水技术、施工过程水回收利用技术、预拌砂浆技术、外墙自保温体系施工技术、粘贴式外墙外保温隔热系统施工技术、现浇混凝土外墙保温施工技术、工业废渣及（空心）砌块应用技术、铝合金窗断桥技术、太阳能与建筑一体化应用技术、供热计量技术、建筑外遮阳技术、植生混凝土、透水混凝土等先进的绿色施工技术。

6.12 绿色施工评价

绿色施工评价是衡量绿色施工实施水平的标尺。我国从逐步重视绿色施工到推出绿色施工评价标准，经历了一个较长的过程。从 2003 年在北京奥运工程中倡导绿色施工开始，绿色施工在我国逐渐受到关注，出现了一些关于绿色施工评价指标体系和

评价模型的研究成果。有一些学者侧重评价模型的研究，提出将层次分析法、模糊评价等系统评价方法应用于绿色施工评价。一些意识比较超前、实力较强的施工企业也开始在工程中实践绿色施工，并探索绿色施工评价。《建筑工程绿色施工评价标准》GB/T 50640—2010 于 2010 年 11 月正式发布，至此，绿色施工有了国家的评价标准，为绿色施工评价提供了依据。绿色施工评价是一项系统性很强的工作，贯穿整个施工过程，涉及较多的评价要素和评价点，工程项目特色各异、所处环境千差万别，需要系统策划、组织和实施。

6.12.1 评价策划

绿色施工评价应在施工项目部自检的基础上进行。绿色施工评价是系统工程，是工程项目管理的重要内容，通过应用"5W2H"的方法，明确绿色施工评价的目的、主体、对象、时间和方法等关键点。

6.12.2 评价的总体框架

根据《建筑工程绿色施工评价标准》GB/T 50640—2010 的要求，绿色施工评价框架体系如图 6-2 所示，其主要内容有：

（1）进行绿色施工评价的工程必须首先满足《建筑工程绿色施工评价标准》GB/T 50640—2010 第三章基本规定的要求。

（2）评价阶段按地基与基础工程、结构工程、装饰装修与机电安装工程进行。

（3）建筑工程绿色施工依据环境保护、节材与材料资源利用、节水与水资源利用、节能与能源利用、节地与土地资源保护五个要素进行评价。

（4）评价要素由控制项、一般项、优选项三类评价指标组成。

（5）要素评价的控制项为必须达到要求的条款；一般项为覆盖面较大、实施难度一般的条款，为据实计分项；优选项为实施难度较大、要求较高、实施后效果较好的条款，为据实加分项。

（6）评价等级分为不合格、合格和优良。

（7）绿色施工评价层级分为要素评价、批次评价、阶段评价、单位工程评价。

（8）绿色施工评价应从要素评价着手，要素评价决定批次评价等级，批次评价决定阶段评价等级，阶段评价决定单位工程评价等级。

图 6-2　绿色施工评价体系

6.12.3　评价的基本要求

（1）绿色施工评价应以建筑工程施工过程为对象进行评价。绿色施工项目应符合以下规定：

1）建立绿色施工管理体系和管理制度，实施目标管理；

2）根据绿色施工要求进行图纸会审和深化设计；

3）施工组织设计及施工方案应有专门的绿色施工章节，绿色施工目标明确，内容应涵盖"四节一环保"要求；

4）工程技术交底应包含绿色施工内容；

5）采用符合绿色施工要求的新材料、新技术、新工艺、新机具进行施工；

6）建立绿色施工培训制度，并有实施记录；

7）根据检查情况，制定持续改进措施；

8）采集和保存过程管理资料、见证资料和自检评价记录等绿色施工资料；

9）在评价过程中，应采集反映绿色施工水平的典型图片或影像资料。

（2）发生下列事故之一，为绿色施工不合格项目：

1）发生安全生产死亡责任事故；

2）发生重大质量事故，并造成严重影响；

3）发生群体传染病、食物中毒等责任事故；

4）施工中因"四节一环保"问题被政府管理部门处罚；

5）违反国家有关"四节一环保"的法律法规，造成严重社会影响；

6）施工扰民造成严重社会影响。

1. 评价目的

对工程项目绿色施工进行评价，其主要目的表现为：

（1）借助全面的评价指标体系实现对绿色施工水平的综合度量，通过单项指标水平和综合指标水平，全面度量绿色施工的状态。

（2）通过绿色施工评价，了解单项指标和综合指标哪些方面比较突出，哪些方面不足，为后续工作实现持续改进提供科学依据。

（3）为推进区域和系统的绿色施工，可通过绿色施工评价结果发现典型，进行相应评价和评比，以便强化绿色施工激励。

2. 符合性分析

在分析绿色施工影响因素的基础上，根据工程项目和环境特性，找出评价标准一般项未能覆盖或不存在的评价点，对《建筑工程绿色施工评价标准》GB/T 50640—2010 的评价点数量进行增减调整，并将企业绿色施工的特色技术列入优选项的评价点范围，经建设单位、监理单位评审认同后，作为适于本工程项目的绿色施工评价依据，进行绿色施工评价。

3. 评价实施主体

绿色施工评价的实施主体主要包括建设、施工和监理三方。绿色施工批次评价、阶段评价和单位工程评价分别由施工方、监理方和建设方组织，其他方参加。在不同的评价层面，绿色施工组织的实施主体各不相同，其用意在于体现评价的客观真实，发挥互相监督的作用。

4. 评价对象

绿色施工的评价对象主要是针对房屋建筑工程施工过程实现环境保护、节材与材料资源利用、节水与水资源利用、节能与能源利用、节地及土地资源保护等五个要素的状态进行评价。

5. 评价时间间隔

绿色施工评价时间间隔，应满足绿色施工评价标准要求，并结合企业、项目的具体情况确定，但应达到评价次数每月不少于1次，且每阶段不少于1次的基本要求。

绿色施工评价时间间隔主要是基于"持续改进"的考虑。即：在每个批次评价完成后，针对"四节一环保"的实施情况，在肯定成绩的基础上，找到相应"短板"形成改进意见，付诸实施一定时间后，能够得到明显可见的效果。

6.12.4 评价方法

绿色施工评价应按要素、批次、阶段和单位工程评价的顺序进行。要素评价依据控制项、一般项和优选项三类指标的具体情况，按《建筑工程绿色施工评价标准》GB/T 50640—2010 进行评价，形成相应分值，给出相应绿色施工评价等级。

1. 各类指标的赋分方法

控制项为必须满足的标准，控制项不合格的项目实行一票否决制，不得被评为绿色施工项目。控制项的评价方法应符合表6-2的规定。

控制项评价方法　　　　　　表 6-2

评分要求	结论	说明
措施到位，全部满足考评指标要求	符合要求	进入评分流程
措施不到位，不满足考评指标要求	不符合要求	一票否决，为非绿色施工项目

一般项指标，应根据实际发生项执行的情况计分，评价方法应符合表 6-3 的规定。

一般项计分标准　　　　　　表 6-3

评分要求	评分
措施到位，满足考评指标要求	2
措施基本到位，部分满足考评指标要求	1
措施不到位，不满足考评指标要求	0

2. 要素、批次、阶段和单位工程评分计算方法

（1）要素评价得分

一般项得分：应按百分制折算，如下式。

$$A = \frac{B}{C} \times 100 \tag{6-1}$$

式中：A——折算分；

　　　B——实际发生项条目实得分之和；

　　　C——实际发生项条目应得分之和。

优选项加分：应按优选项实际发生条目加分求和 D。

要素评价得分：

　　要素评价得分 F ＝一般项折算分 A＋优选项加分 D

（2）批次评价得分

批次评价应按表 6-4 确定要素权重。

批次评价得分：

$$E = \sum (\text{要素评价得分 } F \times \text{权重系数}) \tag{6-2}$$

表 6-4

评价要素	地基与基础、结构工程、装饰装修与机电安装
环境保护	0.3
节材与材料资源利用	0.2
节水与水资源利用	0.2
节能与能源利用	0.2
节地与施工用地保护	0.1

（3）阶段评价得分

$$阶段评价得分\ G = \frac{评价批次得分\ E}{评价批次数} \tag{6-3}$$

（4）单位工程评价得分

单位工程评价应按表 6-5 确定要素权重。

单位工程要素权重系数表　　　　　**表 6-5**

评价阶段	权重系数
地基与基础	0.3
结构工程	0.5
装饰装修与机电安装	0.2

单位工程评价得分 $G = \sum($阶段评价得分 $G \times$ 权重系数$)$

$$\tag{6-4}$$

3. 单位工程绿色施工等级判定方法

（1）有下列情况之一者为不合格：

1）控制项不满足要求；

2）单位工程总得分小于 60 分；

3）结构工程阶段得分小于 60 分。

（2）满足以下条件者为合格：

1）控制项全部满足要求；

2）单位工程总得分大于等于 60 分，且小于 80 分，结构工程得分大于等于 60 分；

3）至少每个评价要素各有一项优选项得分，优选项总分大于等于 5。

（3）满足以下条件者为优良：

1）控制项全部满足要求；

2）单位工程总得分大于等于 80 分；

3）结构工程得分大于等于 80 分；

4）至少每个评价要素中有两项优选项得分，优选项总分大于等于 10。

6.12.5 评价组织

根据《建筑工程绿色施工评价标准》GB/T 50640—2010 的相关规定，绿色施工评价的组织应注意以下几个问题：

（1）单位工程绿色施工评价应由建设单位组织，项目施工单位和监理单位参加。评价结果由建设、监理、施工单位三方签认。

（2）单位工程施工阶段评价应由监理单位组织，项目建设单位和施工单位参加，评价结果由建设、监理、施工单位三方签认。

（3）单位工程施工批次评价应由施工单位组织，项目建设单位和监理单位参加，评价结果由建设、监理、施工单位三方签认。

（4）企业应进行绿色施工的随机检查，并对绿色施工目标的完成情况进行评估。

（5）项目部应会同建设和监理单位，根据绿色施工情况，制定改进措施，由项目部实施改进。

（6）项目部应接受建设单位、政府主管部门及其委托单位的绿色施工检查。

6.12.6 评价实施

绿色施工评价在实施中要按照评价指标的要求，检查、评估各项指标的完成情况。在评价实施过程中应重点关注以下几点：

（1）进行绿色施工评价，必须首先达到《建筑工程绿色施工评价标准》GB/T 50640—2010 基本规定的要求。

（2）重视评价资料的积累。绿色施工评价涉及内容多、范围广，评价过程中要检查大量资料，填写许多表格，因此要准备好评价过程中的相关资料，并对资料进行整理分类。

（3）重视评价人员的培训。评价人员应能很好地理解绿色施工的内涵，熟悉绿色施工评价的指标体系和评价方法，因此要对评价人员进行这些方面内容的专项培训，以保障评价的准确性。

（4）评价中需要把握好各类指标的地位和要求。绿色施工评价指标的控制项、一般项和优选项在评价中的地位和要求有所不同。控制项属于评价中的强制项，是最基本要求，实行一票否决；一般项评价是绿色施工评价中工作量最大、涉及内容量最多、工作最繁杂的评价，是评价中的重点；优选项是施工难度较大、实施要求较高、实施后效果较好的项目，实质是备选项，选项越多，绿色水平越高。

（5）绿色施工评价结果必须要有项目施工相关方的认定。绿色施工评价与其他施工验收一样，是程序性和规范性很强的工作，必须要有工程项目施工相关方的认定才能生效。

（6）要注重对评价结果的分析，制定改进措施。评价本身不是目的，真正的目的是为了持续改进。因而要重视对评价结果进行分析，要注意针对那些实施较差的要素评价点，认真查找原因，制定有效的改进措施。

（7）针对评价结果，实施适度的奖惩。调动实施主体、责任主体的积极性，建立有效的正负激励措施。

6.13 绿色施工案例

6.13.1 案例1

1. 工程简介

某工程总高度 530m，总建筑面积 50.77 万 m²，地下室 5

层，地上 111 层，建成后将是象征当地腾飞的地标建筑，也是当地的高端商务天堂。

为建设好这栋地标工程，公司成立了项目管理委员会；项目部还成立了顾问专家委员会，项目部通过绿色施工，实现对项目的全面管理。

2. 绿色施工实施措施

项目伊始就对绿色施工进行了详细策划，对"四节一环保"指标进行量化，制定系列措施对绿色施工进行全面控制。

首先对项目施工过程中关键工艺进行优化，全面控制各项绿色施工指标：

（1）三高三低绿色混凝土的研究和应用，使核心筒外墙得以瘦身，增加了使用面积，节约了混凝土用量约 950m³；高强度性能免除打凿工序，减少垃圾量产生，节约成本和工期共计约 2111 万元；混凝土的高泵送性能降低泵送能耗；通过掺入粉煤灰、微珠等掺合料，应用复合型外加剂，在保证强度的前提下，使水泥用量由 400kg 降至 320kg，极大地降低混凝土生产对环境的影响。混凝土的低收缩、低热性能，使其开裂得以控制，减少裂缝修补费用约 72 万元。

（2）智能顶模的应用及升级优化，平均 3 天一层的施工速度，极大地节约了工期；挂架及模板的工具化定制，提高了材料周转，降低了材料损耗及人员投入约 100 万元；支撑系统无须附墙埋件，节省约 50 万元；顶模系统驱动能耗低，驱动用电量相比较爬模系统节省约 50 万度；平台载荷能力大，提高塔式起重机单次可吊重量，减少了能源消耗。

（3）复杂环境深基坑多支护复合体系设计与应用。利用原有结构老桩、设计应用吊脚桩，采用放坡，节省了材料和工期；利用内支撑作为堆场，节约了占地面积；多支护复合体系及全自动智能基坑监测，避免对临近地铁、在建深基坑及已有建筑的影响。

其次，项目还采取一系列措施来实现"四节一环保"的目标，包括：

（1）环保措施

对不同的建筑垃圾进行分类和量化控制，至目前为止，每万平方米产生建筑垃圾约 235t，小于 400t 的既定指标。充分探索建筑垃圾的回收和再利用技术，主要包括：短木枋接长，再利用率达到 25％（27m³）；混凝土尾料回收制作保护层垫块；混凝土碎料再利用；废旧钢筋和钢材用于制作洗车槽格栅、电梯防护门、临时坡道等，现场再利用率约 10％（35t）；废旧模板用于制作走道板、安全围挡等，再利用率达到约 30％（约 9700m²）。目前，建筑垃圾再利用率共达到约 35％。实现环保的同时，也节约了资源。

内支撑拆除绳切技术，使扬尘目测高度小于 1m、噪音小于 75db。

采用低噪声设备，搭设降噪棚，有效控制了施工噪声。

另外，还采取污水沉淀、焊接作业遮挡等措施全面控制水污染、光污染等对环境的影响。

（2）节材措施

钢结构的优化设计（结构体系的优化、周转式的塔式起重机支撑体系、利用幕墙埋件附着施工电梯和悬挑防护、钢结构自爬升平台），节约钢材约 7000t；地下室跳仓法施工，免除后浇带封闭、钢筋连接套筒、止水钢板、施工缝处理等，节约费用约 176.9 万元；楼面混凝土一次抹光技术、移动升降平台等，大幅节约了材料的使用量。

大面积推广使用工厂化的加工制作（钢筋制作、钢结构制作、机电管线制作），使用工具式标准化的措施构件（大钢模板、集成式外架及标准化的防护门、防护栏杆、防护棚、安全通道、吊料平台、悬挑防护、集成工具箱等）提高了材料的周转效率和废料再利用率，降低了材料损耗。

（3）节能措施

采用节能的设备及系统（节能无噪塔式起重机、变频式高速施工电梯、节能型混凝土泵、节能 LED 灯具、全自动变流量水泵组），大幅降低了施工能耗。

通过塔式起重机及电梯的计划管理，设计使用日排班表，提高了施工机具的使用功效；通过工作面每日用电申请管理，并在各工作面部署临电全天候无线监控系统，将各工作面用电量细化至分钟，实时掌握各分包及劳务队伍用电情况，为日后超高层施工积累宝贵数据。

（4）节水措施

建立中水回收再利用系统，将处理后的中水用于机具、车辆冲洗等方面，循环水的再利用率达到 30％。

采用智能喷雾系统，节约混凝土养护用水 4.2 万 m^3。

推广使用节水龙头，加强宣传和管理力度，有效控制用水量。

（5）节地措施

通过对场地的统筹布置、公共场地资源的动态管理，以及构件场外工厂加工，充分提高了施工场地的利用效率。

3. 绿色施工实施效果

目前，项目绿色施工已取得初步成效。节材方面，钢筋、混凝土、木方等主要材料损耗率比定额损耗率降低 20％以上。节能方面，现场节电约 23.45％，生活区节电约 4.25％。节水方面，现场节水约 23.19％，生活区节水约 37.8％。节地和环保指标也均优于基准值。

在实现"四节一环保"的同时，也带来了可观的经济效益，结合目前已节省项目的统计梳理及对后期的初步估算，共可节约成本约 1.22 亿元。

6.13.2 案例 2

1. 工程概况

某国际广场项目位于某市商业核心区。项目由主楼（A座）、副楼（B座）、附属裙房及地下机械车库组成，总建筑面积

23 万 m²，是集五星级酒店、5A 级写字楼、酒店式公寓、娱乐、观光于一体的商业综合体。其中主楼地下 3 层、地上 55 层，总建筑高度 249.7m，是省在建"第一高楼"。

2. 绿色施工实施策划

项目自成立之日起，就认真贯彻和落实住房和城乡建设部的《绿色施工导则》、全国建筑业绿色施工示范工程验收评价主要指标等文件精神，结合集团制定的《项目管理标准化考核实施办法》，制定了《××广场工程绿色施工实施方案》，将绿色施工纳入标准化管理范畴，从节水、节电、节能、节地和环境保护五个大方面入手，制定各个子方面的具体评价标准，使绿色施工管理不断得到强化。该方案主要包括组织管理、规划管理、实施管理、评价管理和人员安全与健康管理五个方面。

（1）组织管理

本项目为创建全国建筑业绿色施工示范工程，从开工伊始即根据《项目管理标准化考核实施办法》（以下简称《办法》）及《××广场工程绿色施工实施方案》，建立专项绿色施工组织结构，根据《办法》建立绿色施工三级管理体系：集团管理、公司管理、项目管理。设立集团绿色施工指导小组、公司绿色施工指导小组，确定项目经理为绿色施工小组组长，为第一责任人，负责绿色施工的组织、实施及目标实现。并设立项目绿色施工专职负责人，主管施工过程中绿色施工具体事宜和过程监管。项目部认真研究项目管理标准化考核文件，结合《××广场工程绿色施工实施方案》，根据项目标准化要求考核各个子项，组织相关部门，细化分解考核项目，安排专人负责，一人负责一个子项，将责任落实到个人，本着谁出错谁负责的原则制定奖罚制度。做到了奖罚分明，也充分地调动了大家在绿色施工进程中严格执行标准化的积极性。

（2）规划管理

项目在编制施工组织设计时，将绿色施工管理作为一个独立的施工方案进行编制，并将其与标准化管理相结合，一方面凸显了绿色施工的重要性，另一方面也是对标准化管理的灵活运用。

项目开工时根据施工组织设计，编制相应的绿色施工专项方案，明确各项目标指标，并依据标准化规定进行考核评比。

在开工之初，项目即组建绿色施工管理团队，组织去绿色施工示范工地进行学习观摩，带回考察学习的内容、成果，给项目所有员工进行绿色施工培训，增强员工的绿色施工意识。

（3）实施管理

按照绿色施工方案及专项方案内容，由项目总工对项目所有绿色施工管理人员进行技术交底，明确"四节一环保"各项指标及管理要点。再由绿色施工管理人员对绿色施工操作人员进行交底，交底内容逐步细化到每个分项的做法及应达到的指标。

（4）评价管理

根据绿色施工方案及标准化管理制度，对照现场是否按照制度要求执行。项目专门配备绿色施工检查小组，以安全环保部为主导、安全总监为组长，每周定期按制度对照绿色施工要求，对施工现场绿色施工的分部分项进行逐步排查，下发整改通知单，并将排查结果通报项目经理（绿色施工管理领导小组组长）。同时按照标准化管理评分标准进行打分，根据得分的高低采取相应的奖惩措施。

（5）人员安全与健康管理

施工现场采取措施保证现场生活、工作环境的安全、卫生及一定的舒适性，防止疾病以及职业危害发生，并设立相应设施和制度，以备在安全事故和疾病疫情出现时提供及时帮助。

3. 绿色施工考察学习

项目成立伊始，即组建了绿色施工小组作为绿色施工管理团队，小组成员分赴各地去参加全国建协组织的绿色施工会议，并在绿色施工示范工地学习观摩，将考察学习所得的管理经验带回项目，召开学习讲座，对员工进行绿色施工专项培训。一方面增强了员工的绿色施工意识，另一方面提升了员工实施绿色施工的操作能力。

4. 因地制宜，降本增效

（1）太阳能资源利用

工程地处热带季风性气候，年日照平均时数长达 2200h，光照率为 50％～60％。

项目充分利用太阳能资源，在施工现场阳光充足部位架设 10 块太阳能集热板，每块功率 100W，总共 1kW，每天蓄电约 12kW，此部分蓄电供应办公区域走廊及路灯照明所用，保证夜间照明，促进安全生产，实现了节能减排。

（2）风能资源利用

工程所在地区风能资源比较丰富，项目部在施工现场安装风力发电机。本工程所处地带为城市 CBD，所用模板体系为外爬内支模式，考虑四周建筑物密集不利于风力发电机达到最大发电效果，故将发电机架设于爬模架顶，随着爬模架爬升。爬模架体南北两边各布置 2 台风力发电机，每台功率为 300W/h，合计发电量为 1.2kW·h。爬模架南北各 1 个 LED 屏幕，合计能耗为 1.1kW·h。此风力发电用于爬模架顶端 LED 广告屏夜间屏幕显示企业 LOGO，楼层内照明，及紧急备用电源。风能资源利用见表 6-6。

				风能资源利用	表 6-6
序号	施工区域	目标耗电量（kW·h）	实际耗电量（kW·h）	实际耗电量/总建筑面积比值（kW·h/m²）	节约电量（kW·h）
1	办公、生活区	341300	286840	1.247	54460
2	生产作业区	2258700	2086240	9.070	172460
3	整个施工区	2600000	2373080	10.317	226920

注：其中，每万元产值用电消耗指标下降 8.73％。

（3）水资源利用

工程所在地区雨量充沛，年平均降水量约 1686mm，为了利用丰富的雨水资源，施工现场设置了雨水、废水和地下降水循环利用系统。施工现场 D 区地下室配置 2 个 12m³ 水箱，专用于雨水收集。收集的雨水用于混凝土养护、施工现场卫生间便池冲水、现场路面喷洒保洁、冲洗车辆及现场绿化浇灌。施工现场办公区、生活区的生活用水采用节水系统和节水器具，节水器具配置比率达到100％。

为有效收集雨水，减少所收集雨水的含泥量，同时兼顾现场防尘的需要，对地面采取硬化措施。然后利用硬化地面作为汇水面，通过排水沟将雨水汇集到三级沉淀池。沉淀后，再经过中水处理装置，将其处理为中水。《绿色施工导则》中也提到：处于基坑降水阶段的工地宜优先采用地下水作为混凝土搅拌、养护、冲洗和部分生活用水。但是用于混凝土搅拌和养护的水需要首先进行水质测试，主要项目包括pH酸碱度、不溶物、可溶物、氯化物、硫酸盐和硫化物的含量，试验合格后可将水用于混凝土搅拌和养护。

在基坑施工过程中，项目部通过技术创新发明了岩石地基深基坑承压水降排水系统专利，不仅解决了深基坑降水问题，而且实现了基坑降水循环可再生资源利用。雨水、废水和地下降水循环利用见表6-7。

雨水、废水和地下降水循环利用系统 表6-7

序号	施工区域	目标耗水量（m^3）	实际耗水量（m^3）	实际耗水量/总建筑面积比值（t/m^2）	节约水量（m^3）
1	办公、生活区	81600	71061	0.31	10539
2	生产作业区	52600	37799	0.164	14801
3	整个施工区	134200	108860	0.474	25340

注：其中，每万元产值水资源消耗指标下降30％。

5. 绿色施工常规做法

除了上述具有地域特色的绿色施工做法，项目也采用了一些常规方法来确保绿色施工的顺利进行。

工程位于商业核心区，环境保护显得尤为重要。实施过程的一些常规做法见表6-8。

176

项目	子项	简述
环境保护	噪声控制	配置噪音仪、应用自密实免振捣混凝土
	抑制扬尘	建立洒水清扫制度、施工道路全部硬化
	水污染	设置排水明沟,雨水污水不混排
	光污染	夜间焊接使用遮光布、塔式起重机大灯定向照明
	现场绿化	破坏植被及时恢复,种植花草,保护绿化
四节应用	限额领料	制定限额领料制度
	再生资源利用	废水再利用系统、建筑垃圾回收再利用
	以钢代木	用钢模板代替木模板、架体模板爬升一体化
	节地	现场使用三层临建,并进行防台加固
新技术应用	建筑业新技术推广	积极推行四新应用,工程应用 10 项新技术中的 23 个子项

6. 实施效果

由于采用了节能、节电、节水等各项绿色施工措施,根据数据统计,截至结构封顶时,项目实现节约 785 万元,占总产值比重的 1.21%。

6.13.3 案例 3

1. 概述

当前,为了满足政府及大众对文明施工、保护环境及减少噪音的要求,为了提高企业自身形象,承包商以及建设单位一般均会采取一定的技术来降低施工噪音、减少施工扰民、减少环境污染等,尤其在政府要求严格、大众环保意识较强的城市进行施工时,这些措施一般会比较有效。但是,大多数承包商在采取这些绿色施工技术时是比较被动、消极的,对绿色施工的理解也是比较单一的,还不能积极主动地运用适当的技术、科学的管理方法以系统的思维模式、规范的操作方式从事绿色施工。

保障性住房建设尚处于起步阶段,保障性住房的质量与品质距离百姓的期待还有一定距离，设计方法与建造方式存在生产效率低、建设周期长、材料消耗多等问题，传统的设计方法与建造方式使得品质优良的保障性住房推进十分困难，且造成资源的巨大浪费。

下文针对装配式技术在保障房项目中应用的具体案例，分析展现其绿色施工中的效果，通过和常规施工方法对比，阐述装配式技术的优越性，展示产业化建筑的前景，提出一种全新的绿色施工的方法。项目的目标是：依托某市深厚城市文化底蕴，坚持住宅产业化发展方向，打造功能完善、适用经济、节能环保、可持续发展的城市美好家园。

某公租房工程位于地铁二号线停车场内，是某市保障性住房项目，总建筑面积约 34.5 万 m^2，采用装配式技术施工，项目于 2011 年开始设计施工，2012 年底整体完工入住。

2. 装配式产业化生产

住宅产业化模式，即用工业化方式生产住宅，在工厂生产和加工主要的建筑构件、部品等，通过运输工具运送到工地现场，拼装成高品质的商务楼、住房、体育馆甚至任何想要的建筑形式，即建筑设计标准化、部品生产工厂化、物流配送专业化、现场施工装配化。

本工程采用装配式结构工程，主体构件采用装配式方式，在工厂预制，现场拼装，装修优先采用装修与结构体分离、干式工法施工，其优点在于工厂化生产、标准化作业、质量保证率高，符合国家节能减排和建筑工业化的发展战略。装配式施工技术体系具有工厂化程度高、工程质量好、物耗低等优点，能充分体现住宅建筑标准化、工业化经营一体化，有利于提升产业品质，符合当今住宅产业化趋势，具有新颖性和应用价值。本工程从设计、制造、施工、运营、循环五个方面的创新实现了全生命周期的绿色建筑。

（1）装配式施工的优势

1）工厂化建造绿色低碳建筑；

2）建筑半成品出厂，让施工享受"搭积木"的便捷；

3）改变传统建筑业落后的生产方式；

4）质量好：工业化生产解决传统建筑方式普遍存在的渗漏、不隔音、不隔热、精度差等"质量通病"；

5）工期短：施工周期是传统建筑方式的 1/3 左右，高层约 5 天一层（含隔墙），多层约 2 天一层；

6）成本低：时间短，用人少，综合成本降低，真正可控；

7）施工安全性高：施工用人量大幅减少，不用搭设外脚手架，降低安全隐患；

8）施工过程环保：低碳环保的生产建造方式，符合节能减排要求。

（2）装配式结构绿色施工的效果

1）围护结构节能设计

建筑物外墙主体采用外保温。中间为 100mm（200mm）厚钢筋混凝土结构板，局部内侧为 100mm 厚加气混凝土板，50mm 厚无机发泡聚氨酯复合保温板（燃烧性能 A 级）。

屋面保温采用 200mm 半硬质玻璃棉板保温，平均传热系数为 0.23（限值为 0.40）。

外门窗为单框三玻平开塑钢窗。传热系数不超过2.0W/(㎡·k)，抗风压性能、水密性能及气密性能均符合相关国家规范的要求。

建筑隔墙主要采用了工业化生产和装配方式的轻钢龙骨硅钙板轻质内隔墙。部分采用新型混凝土空心砌块，摈弃了实心黏土砖，其优点是：可保护耕田，采用砂、石等地方材料，成本低廉，具有显著的环境效益；既具有适应性强的优点，又具有轻质、高强、多功能的新特点，比实心黏土砖砌体节能 2/3～3/4；方便人工砌筑，功效远高于黏土砖。

2）节材工艺

① 装配式施工工法节材

本工程采用预制板与现浇结构相结合的形式，叠合板、外墙板及内承重墙在工厂预制，楼板厚度为 160mm，其中叠合板

80mm，现浇层 80mm，在实际施工中叠合板起到底部模板作用，模板、木枋只需要部分外墙内侧及顶板接缝处使用，每层模板用量为 500m²，每层 50mm×100mm 木枋用量为 2500m。而如果采用常规做法则模板需要 1700m²，木枋需要 7000m。平均每层木模板可减少 1200m²，木枋可减少 4500m。若采用常规现浇方式，混凝土量为 250m³，混凝土减少 140m³。

叠合板底部采用满堂架支设，常规做法底部采用满堂脚手架，水平杆间距 1.2m×1.2m，水平杆步距为 1200mm，单层面积需要支撑架 1500m。而本工程中水平杆步距为 1800mm，且只单向设置水平杆，单层面积只需要支撑架 900m，用量大大减少。

常规施工方法容易出现漏浆现象，且混凝土用量不易控制，产生浪费。由于装配式结构外墙板及内隔墙采用工厂加工形式，采用工业化生产，模板固定化，浇筑混凝土机械化，不仅提高了预制板的精度，而且降低了混凝土的浪费率。在加工厂生产钢筋，可大大减少钢筋废料、断料的产生率。如采用常规施工方法每层混凝土需要 240m³，每层钢筋需要 52.2t。而采用装配式结构混凝土每层用量为 100m³。每层钢筋需 16.8t，从而每层混凝土用量减少 140m³，每层钢筋用量减少 35.4t。

在常规现浇结构中，由于有大量的施工材料需要转运，使得运输次数及二次周转费用相应增加，而本工程中由于各种原材料使用的减少，使得运输以及二次周转成本大大降低，在节约了大量人力、物力的同时，提高了工作效率，同时也降低了运输过程中的潜在危险。

② 全装修节材

住宅一次装修到位，推广工业化的规模装修。该工程项目全部精装修，住宅装修设计遵循土建、装修一体化设计，从规划设计、建筑设计、施工图设计等环节统筹考虑住宅装修。采用标准化、模数化、部品化内装材料，现场拼装，干式工法，大大提高工作效率，减少材料损耗和人工用量。

本工程采用轻质内隔墙，全部由工厂制作，现场拼装即可，大大提高精度的同时，减少了混凝土、钢筋等原材料的使用，而常规做法隔墙一般采用小型空心砌块，在搬运、储运过程中会造成部分损坏，同时现场拌制水泥砂浆时，会浪费大量的水、砂及钢筋等施工原材料，并对环境造成极大的污染。

本工程采用整体卫浴的形式，整体卫浴的底盘、墙板、天花板、浴缸等大都采用 SMC 复合材料制成。比起普通卫浴间墙体容易吸潮，表面毛糙不易清洁，整体卫浴的优势相当明显，整体卫浴间的卫浴设施均无死角结构而便于清洁。另外整体卫浴本身具有流水坡度，实际安装只要调整水平即可，整体卫浴采用干法施工，底部及墙面可不需做防水，现场不需进行砌筑、抹灰、贴砖等施工工序，避免了水泥砂浆湿法作业造成的材料浪费等缺点，且大大减少了现场作业量，可当天安装，当天使用，大大缩短了施工周期。而常规做法中防水、砌筑、抹灰、贴砖等各项工序完成后需要一定的间歇养护时间，施工周期较长。

住宅装修坚持专业化施工的原则，由建设单位统一组织管理，进行有序的一条龙服务。住宅装修设计多样，满足不同层次人群的需求。住宅的厨房、卫生间达到一次整体装修到位。

由于标准化户型和装修设计，装修部品可做到工厂化成批生产、成套供应、现场组装。整体厨卫的应用，减少了现场手工加工作业，节约了材料，缩短了工期，保证了质量。

3）节水效应

构件全部在工厂制造，现场干法装配，是区别于传统泥瓦匠施工模式的"干法造房"，大大减少现场用水量。

与常规做法相比，本工程中采用预制构件，在加工场内采用循环水进行养护，方便节约用水，而到现场时强度已经满足设计要求，不需进行养护。由于现场现浇混凝土量大大减少，因此混凝土养护用水也大大减少，经测算可节约用水 60%。

与常规做法相比，本工程中现场劳动力大大减少，施工机械也减少，可节约大量的生活用水。根据测算，本工程可节省了

1500t 水，与常规做法相比节水近 60%。

4）环境保护效应

工厂制造，尽量减少现场作业，提高工业设备环保技术水平。现场施工量少，全部采用干法施工，大大减小施工噪声，减少施工垃圾。

本工程现场现浇混凝土量大大减少，装修采用干法施工，现场无砌筑、抹灰等工程量，采用集中装修现场拼装方式，减少了二次装修产生的大量建筑垃圾污染；平均每百平方米建设面积可减少约 5t 建筑垃圾产生；减少了对森林与土地的破坏，产品部件全面使用环保材料，绿色健康。采用装配式施工技术的建筑混凝土表面平整度偏差小于 0.1%，同时可有效改善施工环境，最大限度减少建筑施工对周边环境的影响。

5）成型钢筋技术

混凝土结构建筑工程施工主要分为三个部分：混凝土、钢筋和模板。商品混凝土配送和专业模板技术近几年发展很快，而钢筋加工部分发展较慢。建筑用钢筋长期以来主要依靠人力加工方式，加工地点主要在施工工地现场，所使用的钢筋加工机械技术性能、自动化程度较低，质量难以控制，材料和能源浪费高，且现场施工占地大，噪声大。显然，这种人力加工钢筋的施工方式已经成为制约施工现代化程度提高的一个瓶颈，因此，提高建筑用钢筋的工厂化加工程度，是建筑业向机械化、环保化和节能化发展的必然趋势。

使用工业化生产混凝土结构用成型钢筋的社会效益和经济效益十分可观，总结一下共有六大优点：①钢材损耗可降低 8%；②可节约电耗 60%；③提高工程安全系数；④提高产品质量；⑤劳动生产率平均提高 8～10 倍；⑥大幅度提高了生产环保、解决了噪声、粉尘、扰民问题，同时节约场地、延长设备寿命等，间接提高资源利用率 20% 以上。

6）提高施工精度，减少抹灰和剔凿，减少浪费

产业化建筑模式将使建筑精度精确到 2mm 以内，较传统混

凝土现浇施工精度提高 3～4 倍。采用装配式施工技术的建筑混凝土表面平整度偏差小于 0.1%，外墙瓷砖拉拔强度提高 9 倍，而且由于墙体和窗框、外墙瓷砖和保温材料可以一体式生产，传统建筑常有的窗框漏水、保温性能不佳等弊病也能迎刃而解。同时可以有效改善施工环境，最大限度减少建筑施工对周边环境的影响。

　　7）提高劳动效率

　　采用工业化生产方式还可以较大幅度地提高劳动生产率，较大幅度地节省劳动力并缩短工期，节能降耗效果显著。本项目在建造过程中建造工人减少了 50% 左右，建设周期缩短 40% 以上。大量的建筑工人由"露天作业"向"工厂制作"为主的产业工人转变。一般按照传统方式建造同等规模的工程，每栋楼高峰期需要劳动工人 240 人左右，平均 7 天完成一层楼，而采用工业化生产方式只需要工人 70 人（熟练工人还可以再少）左右，平均 5 天一层楼，还包括部分外装饰。

　　现场操作面和现场全景如图 6-3 和图 6-4 所示。

图 6-3　现场操作面照片

图 6-4 现场全景照片

6.14 绿色施工相关法律、法规、标准、政策

6.14.1 绿色施工导则与政策

(1)《绿色施工导则》;

(2)《绿色建筑技术导则》;

(3)《中国建筑技术发展纲要》;

(4)中国城市污水再生利用政策。

6.14.2 绿色施工及相关标准

(1)绿色施工标准

1)《建筑工程绿色施工规范》GB/T 50905—2014;

2)《建筑工程绿色施工评价标准》GB/T 50640—2010。

(2)基础性管理标准

1）三大管理体系系列标准；

2）《建设工程项目管理规范》GB/T 50326—2017。

（3）支撑性标准

1）《建筑节能工程施工质量验收规范》GB 50411—2007；

2）《污水排入城镇下水道水质标准》GB/T 31962—2015；

3）《工程施工废弃物再生利用技术规范》GB/T 50743—2012；

4）《建筑施工场界环境噪声排放标准》GB 12523—2011；

5）《防治城市扬尘污染技术规范》HJ/T 393—2007；

6）《绿色建筑评价标准》GB/T 50378—2014。

下篇　施工现场标准化管理

第7章　施工现场标准化管理概述

多年来，由于建筑业本身固有的露天作业、危险性大等特点，在传统的粗放的施工现场管理模式下，社会把"建筑工地"当成了脏乱差的代名词，"建筑工人"也成了素质低下人群的典型代表。作为工程建设的重要环节，建筑施工现场管理水平高低不仅事关工程质量安全，而且直接影响到建筑业的长远健康发展，影响到城市建设的质量和水平。因此，施工现场推行标准化管理是建筑业管理方式的重大革新，是重塑建筑业形象、提高行业竞争力的重大举措，是建筑行业发展的必然选择。

7.1　施工现场管理目前存在的问题及原因分析

标准化示范工地的创建数量和质量很大程度反映了施工企业标准化管理水平的高低。从近几年标准化示范工地分布情况来看，各地推行施工现场标准化管理发展水平存在较大差距，地区之间，各类工业园区、城乡结合部和村镇工程标准化推广工作相对滞后，大部分工程执行标准不到位，现场管理不规范。部分企业主动意识差，对标准化管理的认识和理解还不够深刻，执行标准不够高。有的企业对标准化管理的理解还不够深刻，认为创建标准化工地只是硬件投入，忽视了软件建设。个别企业临建达到一流水平，软件处于二流状态，内部管理一片混乱，主要表现在项目部人员不齐，工作涣散无力，总包指挥不动分包；技术工人持证上岗率达不到规定要求；部分企业现场管理人员无劳动合同、无社会保险；班前教育形同虚设，没有实质性内容；技术交底不详细，没有指导性、针对性，作业人员对危险因素不清楚、不明白；质量管理控制措施未落实，工程实体仍存在部分质量通病。这些现象说明了部分企业从根本上误解和违背了建筑施工现场标准化管理的本质内涵。

7.2　施工现场标准化管理的释义及内涵

建筑施工现场管理标准化就是借鉴工业生产标准化理念，通过引进系统理论，对施工现场安全生产、文明施工、质量管理、工程监理、队伍管理、合同履行等要素进行整合熔炼、缜密规范，形成密切相关、交织科学的施工现场管理新体系。其目标是以实施施工现场管理标准化为突破口，整合管理资源，建立有效的预防与持续改进机制，全面革新现场管理方式和施工组织方式，从而提高企业管理水平，提高政府监管和产业发展水平。

其内涵和特点主要包括以下几个方面：

（1）将以往分割、独立的安全生产文明施工管理、质量管理、工程管理、队伍管理进行整合与熔炼，使四项管理互相渗透、互为作用，成为一个统一的管理体系，并将国际通行的质量、安全、环保三大管理标准的管理理念与管理方法有机融入其中，优化管理流程，形成管理合力，实现管理理念与管理方式的升华，促进施工现场由传统管理向现代管理的转变。

（2）对施工现场人、机、料、法、环五大生产要素的协调、有序管理做出标准化要求，注重建筑施工对周边环境的影响，体现可持续发展和绿色建筑的管理理念，实现场容场貌的秩序化，进而彻底扭转社会对建筑施工现场"脏、乱、差"的传统印象，塑造全新的行业形象。

（3）体现"以人为本"的管理理念，把对从业人员的职业技能、职业素养、行为规范的要求贯穿于标准化的全过程，建立对从业人员和执行行为的自律约束机制，促进行业素质的快速提升。

（4）提出工程建设活动全过程的行为准则和检查考核标准，建立监督制约机制，使企业明确应做什么、如何做、做到何种程度，大大提高其自控意识和自控能力，实现市场行为的规范化。

（5）对工程活动的各个环节实行程序化管理，做到质量与安全管理环环相扣、层层把关，始终处于受控状态；尤其是通过标准化管理体系，建立预防与持续改进机制，有效消除质量安全隐患，提升质量安全管理水平。

7.3 推行施工现场标准化管理的意义

建筑施工现场管理作为建筑业运行的平台和载体，既是矛盾的集中点，又是工作的着力点。推行施工现场标准化管理既抓住了建筑业创新的关键点，又是新时期施工现场管理的最低要求，这对转变施工现场管理、提升行业形象、增强产业发展后劲、提高政府监管水平和服务效能，具有深远的社会意义和现实意义。

（1）实施标准化管理适应了构建和谐社会的需要，进一步确保了工程质量安全。就建筑业来讲，离开施工安全和质量保证，和谐社会、社会稳定就失去了前提。以前，许多建筑施工现场实行的是经验式管理、运动式管理、作坊式管理，管理理念落后、管理方式陈旧、管理方法简单，管理体系有缺陷、管理机制有漏洞。现在把施工现场各类质量的所有相关要素最大限度地整合，使其系统化、规范化、信息化、精细化，符合工地管理的发展方向，最大限度地减少质量安全事故，为构建和谐社会做贡献。

（2）实施标准化管理适应了创建节约型社会的需要，提高了企业经济效益和社会效益。长期以来，许多建筑施工现场实行粗放式管理，机械、材料、人工等浪费严重，生产成本高，经济效益低，能源消耗和发展效率极不匹配。实行标准化管理，把科学管理落实到工地的每个细节、每个过程、每个岗位，使各项管理流程程序化，实现对现场的准确、快速、全过程的监管，不仅有利于现有施工规范条件下的生产节约、成本降低，而且有利于把建筑节能新技术、新产品真正运用到实践中，加快技术创新，促进技术进步，促进建立循环经济模式和创建节约型社会。

（3）实施标准化管理适应了建设文明社会的需要，提高了产业文明度，提升了行业新形象。长期以来，由于建筑业露天施工、农民工高度集中等自身特点，建筑业的社会形象与其社会贡献极不对称。建筑工地的"脏、乱、差"给人们留下很差印象。实行标准化管理，可以进一步强化文明施工，改变场容场貌秩序化，并不断增强农民工的文明意识，逐步使农民工向产业工人、文明工人转变，从而全方位地提高产业文明度，提升产业新形象。

（4）实施标准化管理适应了时代发展的需要，提高了企业管理水平和政府监管水平。管理标准把原来比较分散的质量、安全、队伍管理等各项重点管理要求有机地整合串联起来，形成一个清晰、明确的链条，有利于企业学习掌握和在实践中有效贯彻。同时，标准化管理有利于行业主管部门对企业的行业管理，促使企业不断查找管理缺陷，堵塞管理漏洞，实现政府监管方式从运动突击式和重审批、重处罚向长效的管理服务型转变。

7.4 推行施工现场标准化管理的主要措施

推进标准化工地建设，采取先试点后推广、分段推进、由点及面的方式，通过强化保障措施、强化激励机制、强化监督检查，不断巩固和扩展标准化工地创建成果，塑造全新的行业形象。

1. 加强宣传教育，提高企业自控意识和自控能力

（1）加强宣传教育。把《建筑施工现场管理标准》作为培训教育的重点教材，通过专题培训、职工业余学校、知识竞赛、巡回演讲等各种形式深入学习；通过观摩会、交流会、总结会、加强现场指导等措施，使各级管理人员进一步明确标准。充分运用报纸、电视、网络等媒体，报道标准化工地建设成果，积极扩大社会影响。

（2）加强标准化管理知识培训。通过讲座、观摩、竞赛等多种形式，组织企业负责人、项目经理、技术负责人等不同层面的人员对标准化管理知识进行深入学习，提高其对标准化管理的认识水平和执行能力。农民工是标准化管理的贯彻者和受益者。只有注意对他们的教育培训，只有农民工素质提高了，标准化管理才能搞得更好。

（3）加强企业内部建设。要将标准化管理的理念、价值观念、行为准则和企业形象贯穿于建筑施工现场的全过程，把企业文化的渗透力、软动力转化为企业竞争力，提升企业形象。特别要加强对二、三级企业创建示范工地的培育。加大对其进行标准化管理交底力度，讲明应把握的重点环节和内容，提高二、三级企业创建示范工地的积极性和通过率。

2. 强化激励机制，激发标准化创建动力

（1）完善奖励机制。将标准化管理情况与市场主体管理考核紧密挂钩。凡是创建标准化示范工地的企业和从业人员，在市场主体考核中给予业绩加分，与企业资质管理、执业资格管理、评先评优等进行联动，在参加投标时予以加分奖励，使积极创建、管理规范者得到实惠，得到扶持和发展。同时，加大对二、三级企业创建示范工地的奖励政策，调动其各方的创建积极性。

（2）建立硬件循环机制。引导成立临建设施、防护设施的租赁公司，以提高资源利用率，降低企业成本，解决二、三级企业实行标准化管理一次性投入负担过重的问题。深入研究施工现场硬化问题，组织技术人员、科研人员解决施工现场硬化材料不能周转使用、造成浪费的问题。

（3）改进硬件设施，大力发展循环经济。在推广现有临建设施和防护设施系列产品的基础上，研制、开发设备防护棚、楼梯防护栏杆、脚手板固定夹等定型化、工具化安全防护装置，使设施拆装更方便、安全性能更高、周转次数更多，既降低了企业成本，又节约了资源。

3. 把握过程控制，提高标准化示范工地的创建质量

（1）突出工作重点，把好重点环节。在工程招投标、办理安全报监手续、日常监督检查和工程项目竣工验收备案等重点环节，对安全生产、文明施工措施费的拨付情况严格把关，对建设单位的违规行为进行有效制约，确保费用到位。

（2）实行全过程动态管理。从工程办理安全报监时，就全面落实标准化管理的各项要求。自示范工地申报至工程竣工的全过程，由质检、安监、队伍管理、监理管理等标准化管理的相关部门做好日常监督检查。在集中评审过程中，严格标准，从严把关，确保评审的公平、公开、公正。

4. 强化监管检查，加大对违法违规行为的查处力度

（1）严把开工关口。将标准化管理的硬件设施作为工地开工前的审查条件严格把关，凡是施工现场临建设施作为工地开工前的审查条件严格把关，凡是施工现场未达到标准化管理的，一律不予办理安全报监手续。

（2）强化日常监督。按照标准化年度工作目标，各建设行政主管部门实行严格的目标责任管理，各质监、安监部门的监督员，对所监督的工程加大监督检查力度和频次，发现达不到标准化要求的，一律予以停工整改。

（3）对薄弱区域强化监管。建立健全工业园区、村镇工程监管机制，科学合理地确定工作职责，划分管理权限，明确相关人员责任，强化基本建设程序的管理，切实加大对工业园区、村镇工程的监管力度。

（4）实行分级管理。对建筑施工现场划分不同等级，进行差异化管理，对被评为标准化示范工地不同等级的工程，按照奖罚政策进行奖励和惩处，加强部门联动管理，向社会公布考核评选结果，达到奖优罚劣的目的。

第8章 施工区标准化管理

8.1 基础设施标准化

8.1.1 施工现场大门

施工现场大门通常有两种，一种是门楼式大门，往往用作施工现场的主大门；另一种是无门楼式大门，往往是作为辅助门。企业根据自己的 CI（Corporate Identity）策划提出具体的要求。

1. 门楼式大门

门楼式大门示例如图 8-1 所示。

（1）门柱：门柱为钢结构主体架，外封彩钢板或薄铁板；

（2）门楣（灯箱）：采用户外喷绘；

（3）伸缩式移动大门；

（4）大门外侧品牌墙；

图 8-1　门楼式大门

（5）大门内侧品牌墙；

（6）门禁系统及门卫室：安装在大门左（右）侧，闸机数量根据实际需要确定；

（7）主大门两侧宜设置花坛或花盆，绿化施工现场环境。

2. 无门楼式大门

无门楼式大门示例如图 8-2 所示。

（1）大门：大门一般采用铁板焊制；

（2）门柱：门柱一般为砖砌；

（3）门禁系统及门卫室：安装在大门左（右）侧，闸机数量根据实际需要确定。

图 8-2　无门楼式大门

8.1.2　施工现场围墙

施工现场实行封闭式管理，围墙坚固、严密，高度应符合行业和地方标准，围墙材质使用专用金属定型材料或砌块砌筑，围墙表面应平整、清洁。

1. 砖砌式围墙

（1）围墙砌筑应符合相关规范要求，围墙高度 2m，上方加高度 0.2m 的墙帽；

（2）外侧墙面：根据企业 CI 策划要求涂成相应颜色，配相应文字或图标；

（3）内侧墙面：根据企业 CI 策划要求涂成相应颜色，配相应文字或图标。

2. 金属式围墙

采用装配式彩钢板，尺寸一般为 0.8m×2m。

8.1.3 门卫室

门卫室示例如图 8-3 所示。

（1）采用彩钢板板房，应设置遮阳伞；

（2）侧墙粘贴报警电话牌（火警"119"、匪警"110"、急救"120"的报警牌）；

（3）门牌标识一般同办公室门牌一致；

（4）内部：整洁干净，地面为瓷砖或水泥地，悬挂门卫责任制图牌，制作方式和办公室图牌一致。

(a)　　　　　　　　　　　　(b)

图 8-3　门卫室

(a) 门卫室正面；(b) 门卫室侧面

8.1.4 预制路面道路

场内道路设置应符合标准规定，临时道路应采用装配式可周转使用的预制路面板，道路地基弹性模量不小于 40MPa，承受载重不大于 40t，重型板采用 C25 混凝土，轻型板采用 C20 混凝土，施工现场应人车分离，设置专用车道，限速牌齐全，限速牌示例如图 8-4 所示。

8.1.5 车辆冲洗装置

施工现场主要车辆出入口设置高效洗轮机，其他车辆出入口

图 8-4　限速牌

设置车辆冲洗设施。

1. 高效洗轮机

高效洗轮机应选择专业厂家设备，按照图纸要求制作和安装，示例如图 8-5 所示。

图 8-5　高效洗轮机

2. 车辆冲洗设施

（1）现场大门内侧设置洗车槽，配置高压水枪；

（2）设置排水设施及沉淀池，沉淀池宜采用三级沉淀；

（3）洗车水源应循环利用。

8.1.6 施工图牌

施工图牌效果图如图 8-6 所示。

图 8-6　施工图牌效果图

（1）架体材质一般为不锈钢框、不锈钢柱，置于施工区正门入口处；

（2）图牌：竖式长方形（高宽比 3：2），尺寸为 120cm×80cm，镶嵌于不锈钢橱窗内；

（3）图牌一般顺序为工程简介、施工现场平面图、项目组织机构图、质量保证体系、安全生产管理制度、消防保卫制度、文明施工管理制度、环境保护管理制度、突发事件应急响应流程图。工程创优目标、项目工期倒计时等图牌可根据需要自行选择。

8.1.7 导向牌

导向牌示例如图 8-7 所示。

企业应对导向牌材质、尺寸、文字、颜色等统一要求，根据现场情况设置多个导向牌。

图 8-7　导向牌

8.1.8 公示牌

企业应对导向牌材质、尺寸、文字、安装、颜色等统一要求，公示牌内容一般包括：工程名称、面积、建筑高度、建设单位、设计单位、施工单位、监理单位、项目经理及联系电话、政府监督人员联系电话、开竣工日期等。

8.1.9 喷淋降尘系统

施工现场应根据规定在主要道路两侧设置能够有效降尘的喷淋系统。喷淋系统包括管道、喷雾头、加压水泵、定时器等，喷雾头宜每隔 3000mm 设置一个。现场喷淋系统布局示意如图 8-8 所示，现场喷淋系统如图 8-9 所示。

图 8-8　现场喷淋系统布局示意

图 8-9　现场喷淋系统

8.1.10 视频监控系统

施工现场设置视频监控系统，在车辆主要出入口、塔式起重机或其他位置设置监控头，对施工现场进行全方位覆盖，监控系统宜与公司总部进行联动，施工现场重大危险源处监控示例如图8-10所示，塔式起重机处监控示例如图8-11所示，现场监控室监控示例如图8-12所示。

图 8-10　重大危险源处监控

图 8-11　塔式起重机处监控

图 8-12　现场监控室监控

8.2　脚手架

8.2.1　落地式脚手架

（1）搭设应符合规范要求，剪刀撑应连续设置，横杆露出架体外立面长度为 100～150mm，每隔 3 层或 10m 设置一道

200mm 高警示带，固定于立杆外侧；

（2）脚手架钢管表面涂刷黄色油漆，剪刀撑和警示带表面涂刷红白警示漆，脚手架内侧满挂绿色密目安全网，安全网封闭严密，张紧、无破损，颜色新亮；

（3）脚手架外侧悬挂楼层提示牌。

落地式脚手架搭设示例如图 8-13 所示。

图 8-13　脚手架搭设
（a）脚手架基础；（b）脚手架搭接；（c）脚手架搭设效果图

8.2.2　悬挑式脚手架

（1）悬挑钢梁截面尺寸应经设计计算确定，不小于 16 号工字钢，工字钢涂刷红白警示漆；

（2）脚手架钢管表面涂刷黄色油漆，剪刀撑和警示带表面涂刷红白警示漆，脚手架内侧满挂绿色密目安全网，安全网封闭严密，张紧、无破损，颜色新亮；

（3）脚手架架体及悬挑梁固定符合规范要求，架体底层应采用硬质防护进行封闭，硬质防护底面涂刷黄色油漆，每隔 3 层或 10m 设置一道 200mm 高警示带，固定于立杆外侧，当防护高度超过 100m 时，每隔 10m 设置黄色密目安全网警示带，横杆露出架体外立面长度为 100~150mm。

悬挑脚手架剖面示意如图 8-14 所示，悬挑脚手架效果图如图 8-15 所示，悬挑梁固定及防护示意如图 8-16 所示。

图 8-14　悬挑脚手架剖面示意

图 8-15　悬挑脚手架效果图

图 8-16　悬挑梁固定及防护示意

8.2.3　附着式升降脚手架

（1）附着式升降脚手架应采用集成式，升降脚手架底层满铺硬质防护翻板，架体外排里侧采用金属网片或打孔轻质金属板全封闭，每隔3层或10m设置一道200mm高警示带；

（2）脚手架一切搭设应符合标准规范要求。

附着升降式脚手架实景图如图8-17所示。

图 8-17　附着升降式脚手架实景图

8.2.4　卸料平台

卸料平台采用悬挑式钢平台，平台搭设应有专项设计方案，使用前应进行验收。

（1）悬挑主梁应使用整根槽钢（或工字钢），型号不得小于[20，两侧应分别设置前后两道斜拉钢丝绳，钢丝绳直径不小于21.5mm，锚固端预埋ϕ20U形环；

（2）卸料平台底部应满铺脚手板，并固定牢固，与外架封闭严密；

（3）设置不低于1.5m的防护栏杆，栏杆内侧设置硬质材料的挡板，并刷红白警示漆，卸料平台应做限载标识牌；

（4）卸料平台限载标识牌采用镀锌铁板或铝塑板或户外写真覆5mm发泡板制作，面层采用户外车贴，尺寸为450mm×300mm，固定于平台入口左侧上部。

卸料平台效果图如图8-18所示。

图 8-18　卸料平台效果图

8.3　材料码放

8.3.1　钢筋堆放

（1）钢筋堆放区地面平整夯实并进行硬化，周围用工具式护栏进行隔离；

（2）钢筋原材应集中码放在钢筋架上，钢筋架用混凝土浇筑基础结构，间隔 1000mm 浇筑一道，并在其上预埋型钢；

（3）钢筋架表面间隔 400mm 刷倾斜角度 45°红白警示漆。

钢筋堆放架示例如图 8-19所示。

图 8-19　钢筋堆放架

8.3.2　大模板堆放

（1）大模板存放场地应用混凝土硬化；

（2）场地四周搭设 1.2 m 高防护栏，刷红白相间油漆，立面悬挂密目安全网。

大模板存放区效果图如图 8-20 所示。

图 8-20　大模板存放区效果图

8.3.3　其他材料码放

（1）建筑材料、构件、料具应按总平面布局分类码放，零散物料设置容器或封闭覆盖；

（2）材料标识牌采用镀锌铁板或铝塑板制作，宽高为 450mm×300mm，蓝边、白底、黑字；

（3）标识牌支架采用方钢和槽钢焊接，材料标识清楚。

材料标识牌示例如图 8-21 所示。

材料标识牌	
材料名称	生产厂家
规格	进厂日期
质量	联系人
检验和实验状态	

图 8-21　材料标识牌

8.3.4　气瓶存放

（1）移动式氧气、乙炔瓶仓库采用角钢焊接骨架，周围焊接铁丝网，正立面悬挂警示标识牌；

（2）整体焊接牢固。

8.3.5　机电加工区

施工现场机电加工统一设置，采用流水线施工，原材进场、切断、加工、刷漆、成型等各环节分区操作，流水作业。

机电加工区设置示例如图 8-22 所示。

图 8-22　机电加工区设置

8.4　安全防护

8.4.1　安全通道防护

（1）安全通道防护棚采用型钢搭设，由立柱、侧边防护网和警示标识三部分组成，可用于人员出入的安全通道、施工升降机首层防护棚、物料提升机首层防护棚；

（2）多层建筑防护棚长度不小于 4000mm，高层建筑防护棚长度不小于 6000mm；

（3）防护棚采用双层顶棚形式，顶层满铺 50mm 厚脚手板，两层板之间应保持 500mm 间距；

（4）防护棚外侧用钢网封闭，内侧悬挂安全展板。

安全通道防护效果图如图 8-23 所示。

图 8-23　安全通道防护效果图

8.4.2　临边防护

根据工程施工的需要，临边防护可以做成不同的形式。

1. 形式一

（1）采用 30mm×30mm×1.35mm 方钢制作，立柱采用 50mm×50mm×2.5mm 方钢，底座为 150mm×100mm×8mm 孔钢板，并使用 φ12×4 个膨胀螺栓与地面固定牢靠；

（2）防护栏杆立杆高度 1200mm，栏杆高度 1170mm，每档标准长度为 2000mm，刷红白警示漆，并在中间位置设置 180mm 高安全警示标语牌，底部设 200mm 高红白相间挡脚板。

临边防护立面图如图 8-24 所示。

图 8-24　临边防护立面图

2. 形式二

（1）立柱采用 40mm×40mm×3mm 方钢，底座为 120mm×

120mm×10mm 孔钢板，并使用 ϕ12×4 个膨胀螺栓与地面固定牢靠；防护栏外框采用 30mm×30mm×1.35mm 方钢，中间采用钢板网，钢丝直径或截面不小于 2mm，网孔边长不大于 20mm；

（2）防护栏杆立杆高度 1200m，每档标准长度为 1900mm、1500mm，刷红白警示漆，并在中间位置设置 250mm 高安全警示标语牌，底部设 200mm 高红白相间挡脚板。

临边防护立面图如图 8-25 所示，临边防护效果图及实景图如图 8-26 所示。

图 8-25 临边防护立面图

图 8-26 临边防护效果图及实景图
（a）（b）效果图；（c）实景图

8.4.3 水平洞口防护

1. 边长不大于 1500mm 的洞口防护

（1）楼板、屋面和平台等面上短边尺寸小于 500mm 的洞口，采用盖板方式防护，短边尺寸在 500～1500mm 之间的洞口，采用预留钢筋网片加盖板方式防护；

（2）采用盖板防护，盖板应坚实，盖板与洞口外沿搭接长度不小于 100mm，保持盖板四周搁置均衡，并用铁钉将盖板与卡固在洞口上的木方钉牢，防止盖板移位；

（3）采用钢筋网片防护，钢筋直径不小于 6mm，网格间距不大于 150mm；

（4）盖板上表面刷红白相间警示漆和黑色"严禁挪移"字样。

洞口防护俯视图及剖面图如图 8-27 所示。

图 8-27　洞口防护俯视图及剖面图

（a）俯视图；（b）A-A 剖面图

2. 边长不小于 1500mm 的洞口防护

（1）短边长度超过 1.5m 的孔洞，四周应使用工具式临边防护，孔洞中间设置钢筋网，若洞口尺寸过大，无法设置钢筋网，应采取硬质防护措施，并刷红白相间警示漆；

（2）工具式防护栏杆制作尺寸要求见临边防护。

洞口防护效果图及实景图如图 8-28 所示。

图 8-28　洞口防护效果图及实景图

（a）效果图；（b）实景图

8.4.4 电梯井（管道井）口防护

（1）电梯井（管道井）口安装 1500mm 高工具式防护门，竖向钢筋间距不得大于 150mm，防护门底部安装 200mm 高挡脚板，采用 30mm×30mm×1.35mm 方钢制作，防护高度地方政府另有要求的，执行当地要求；

（2）防护门和挡脚板刷红白警示漆。

电梯井防护立面图及效果图如图 8-29 所示。

图 8-29　电梯井防护立面图及效果图
(a) 立面图；(b) 效果图

8.4.5 楼梯防护

（1）采用工具式楼梯防护，立杆高度 1300mm，立杆应固定在楼板（采取预埋钢板）或立杆底部焊接钢板（钢板规格 5mm×150mm×150mm）用膨胀螺栓与结构板面固定，梯段长度大于 2000mm 时，中间需增设一根立杆；

（2）楼梯防护栏杆遇转角处，栏杆连接应采用套管式连接法（套管采用内径大于 48mm 的钢管，套管打孔，用螺栓固定连接杆件），杆件插入套管深度不小于 200mm；

（3）防护栏杆涂刷红白安全警示漆。

楼梯防护实景图及效果图如图 8-30 所示。

(a)

(b)

图 8-30　楼梯防护实景图及效果图

(a) 实景图；(b) 效果图

8.5　施工机械

8.5.1　施工升降机

（1）施工升降机首层出料口防护棚同安全通道防护棚。

（2）施工升降机运料平台临边防护

1）施工升降机楼层运料平台应自成一体，并与结构进行可靠有效的连接；

2）运料平台按照图示要求搭设；

3）运料平台两侧应采用双道防护栏杆进行防护，上栏杆高1200mm，下栏杆高 600mm。立杆内侧满挂绿色密目安全网，下设 200mm 高挡脚板，平台下方满挂双层水平大眼网。防护栏杆、挡脚板刷涂红白相间警示漆。

施工升降机侧立面示意如图 8-31 所示。

（3）施工升降机运料平台防护门

1）施工电梯平台出口安装 1800mm 高对开式防护门，防护门可采用钢管和钢网焊接而成（外框可采用 DN32 钢管，横杆可采用 DN25 钢管），门的下沿距平台不应超过 100mm；

图 8-31　施工升降机侧立面示意

2）平台两侧设置双道防护栏，上道栏杆高 1200mm，下道栏杆居中设置，防护栏杆内侧张挂密目安全网封闭，并设置 200mm 高挡脚板，平台外侧挂楼层标识牌，平台下方满挂双层水平大眼网；

3）防护门朝向梯笼一侧设置门闩；门框及横杆、防护栏杆均刷红白相间警示漆，防护门朝向梯笼一面正中一般设置企业标识。

电梯门制作图示例如图 8-32 所示。

（4）施工升降机验收牌

1）设置于施工升降机首层出料口防护棚内侧左上方；

2）验收牌边框用 20mm × 20mm × 2mm 方钢，中间间隔 500mm 焊接方钢龙骨，正面焊 0.8mm 厚镀锌铁皮，面层采用户

图 8-32 电梯门制作图示例

外车贴制作，尺寸不小于 1600mm×1200mm，验收牌应包括：安全操作规程、设备产权登记牌、设备使用登记牌、操作人员操作证、验收时间及其他。

施工升降机验收牌示例如图 8-33 所示。

图 8-33 施工升降机验收牌

（5）施工升降机限载标识牌

在每个梯笼的明显位置，悬挂限载标识牌。施工升降机限载标识牌示例如图 8-34 所示。

8.5.2 塔式起重机

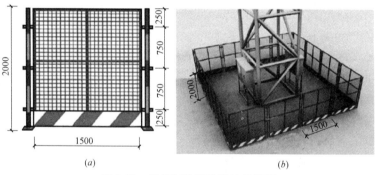

图 8-34 施工升降机限载标识牌

（1）塔式起重机基础防护栏

1）为防止非操作人员攀爬塔式起重机，在塔式起重机基础周围设置工具式防护栏围挡；

2）门尺寸为 1900mm×1200mm，内外上锁。

塔式起重机基础防护栏杆挡板制作图及防护效果图如图 8-35 所示。

(a)　(b)

图 8-35　挡板制作图及防护效果图

（a）制作图；（b）效果图

（2）塔式起重机附着操作平台

1）材料：采用钢管搭设，涂刷红白警示漆；

2）尺寸为 4000mm×4000mm，高度 1200mm；平台满挂绿色密目安全网，满铺脚手板。

附着操作平台制作图及效果图如图 8-36 所示。

（3）塔式起重机验收牌

1）施工现场塔式起重机安装验收合格后，应在离地高度不小于 3m 的塔式起重机标准节上悬挂塔式起重机验收牌；

图 8-36 附着操作平台制作图及效果图

(a)(b) 制作图；(c) 效果图

2）验收牌边框用 20mm×20mm×2mm 方钢，中间间隔 500mm 焊接方钢龙骨，正面焊 0.8mm 厚镀锌铁皮，面层采用户外车贴制作，尺寸不小于 1600mm×1200mm，且按照塔式起重机标准节宽度确定验收牌宽度；

3）验收牌内容包括：安全操作规程及"十不吊"、设备产权登记牌、设备使用登记牌、操作人员操作证、验收时间及其他，字体为黑体。

塔式起重机验收牌示例如图 8-37 所示。

图 8-37 塔式起重机验收牌

（4）塔式起重机编号牌

1）位置：塔身验收牌之上一个标准节位置；

2）材质及尺寸：边框用 20mm×20mm×2mm 方钢，正面焊 0.8mm 厚镀锌铁皮，面层采用户外车贴制作，尺寸不小于 1000mm×1000mm。

塔式起重机编号牌示例如图 8-38 所示。

图 8-38　塔式起重机
编号牌

8.5.3　钢筋加工防护棚

1. 形式一

（1）施工现场塔式起重机覆盖范围内的钢筋加工棚应采取双层防护，满足防雨、防砸要求；

（2）防护棚采用型钢制作，主要标准配件有立柱、横梁、悬挑梁，螺栓连接组装，各地区因风力不同，应对型钢架体结构进行验算；

（3）防护棚顶部设置安全标语，上下弦均为 50mm 宽黄黑警示漆，中间悬挂操作规程图牌；

（4）操作规程图牌边框 20mm×20mm×2mm 方钢制作，间隔 500mm 焊接方钢龙骨，正面焊 0.8mm 厚镀锌铁皮，面层采用户外车贴制作，尺寸不小于 3000mm×1500mm。

钢筋加工防护棚实景图如图 8-39 所示，操作规程图牌示例如图 8-40 所示。

2. 形式二

（1）防护棚采用方钢制作标准节，主要标准配件有立柱、横梁、悬挑梁，螺栓连接组装；

（2）立柱长宽高为 500mm×500mm×1800mm，横梁及挑梁长宽为 1500mm×500mm。

钢筋加工防护棚示例如图 8-41 所示。

图 8-39　钢筋加工防护棚实景图

图 8-40　操作规程图牌

图 8-41　钢筋加工防护棚

3. 形式三

采用双立柱式钢筋加工防护棚。

其效果图如图 8-42 所示。

8.5.4 单体防护棚

（1）施工现场未集中使用的中小型机械应设置单体防护棚，采取双层防护措施，满足防雨、防砸要求；

（2）单体防护棚基础施工应经设计计算确定，底部与基础采用膨胀螺栓固定。

单体防护棚效果图如图 8-43 所示。

图 8-42　双立柱式钢筋加工防护棚

图 8-43　单体防护棚效果图

8.6　临时用电

8.6.1　配电室

（1）位置：靠近电源，无腐蚀介质且道路通畅；

（2）设置要求：配电室材料耐火等级不低于Ⅲ级，空间应满足规范要求，自然通风，有防止雨雪侵入和动物进入的措施，门外开；

（3）消防：室内配置沙箱和可用于扑灭电气火灾的灭火器，分别设置正常照明和应急照明灯；

（4）设置警示标志、联系人和联系电话。

配电室实景图如图8-44所示，配电室示意图如图8-45所示。

图8-44　配电室实景图

图8-45　配电室示意

8.6.2　配电箱

（1）配电箱防护棚

1）配电箱防护棚应稳固安置在混凝土承台上，承台中部留置400mm宽沟槽，防护棚内操作空间符合规范要求；

2）顶部采用双层硬防护（间距500mm），顶部防砸，底部防雨（有坡度），双层框架外围包1mm厚钢板，钢板应采用户外车贴形式粘贴安全标语、标识、编号；

3）配电箱下部应对进出电缆线采取绝缘套管保护，并做相应标注，区分进出线，操作面铺设绝缘踏板或胶垫，外侧配备消防器材。

配电箱防护棚效果图如图8-46所示，电缆线绝缘套管示例如图8-47所示，操作面绝缘踏板示例如图8-48所示。

（2）配电箱标识

1）配电箱（柜）颜色为黄色或橘红色（做喷塑处理），张贴

图 8-46　配电箱防护棚效果图

图 8-47　电缆线绝缘套管

或喷涂闪电标识及验收标识；

2）双门电箱：左边门居中可粘贴企业标识，右边门粘贴电警示标识，单开电箱左上方可粘贴企业标识，中间部位粘贴电警示标识；

3）门内侧配箱内系统图、电器元件、线号应标识清楚，并附定期检查记录表。

总配电箱、分配电箱及开关箱示例如图 8-49 所示。

图 8-48　操作面绝缘踏板

(a)　　　　　　　　(b)　　　　　　　　(c)

图 8-49　配电箱
(a) 总配电箱；(b) 分配电箱；(c) 开关箱

219

8.6.3　电缆敷设

（1）埋地敷设

沿电缆线敷设方向，设置"地下有电缆"警示标识牌，标识牌间距不得大于 30m。

（2）楼层配电

1）电缆线穿越建筑物、构筑物、道路、易受机械损伤的场所及引出地面 2m 高度至地下 200mm 处，应加设防护套管；

2）电缆垂直敷设的位置应充分利用在建工程的竖井、垂直孔洞等，并应靠近负荷中心，固定点每层不得少于一点，水平向电缆线敷设应在墙体 2.5m 以上做支架架设，固定点需绝缘保护；

3）水平敷设宜采用三角支架或钢索进行高挂，高度不得低于 2.5m，若因作业限制无法高挂的，可沿墙角、地面敷设，但应采取防机械损伤措施，并设警示标识；

4）楼层内固定式配电箱应考虑做重复接地，接地体应预埋，重复接地竖向距离不大于 20m（每 5 层）做一处。

8.6.4　外电防护

（1）在建工程（含脚手架）的周边与外电架空线路的边线之间最小安全距离应符合规范要求，当安全距离达不到规范要求时，需采取绝缘隔离防护措施；

（2）防护架采用木质绝缘材料，防护架距外电线路不小于 1m，作业时应停电搭设，防护架距作业面较近时，应使用硬质绝缘材料封闭严密；

（3）防护架上设置警示标识，防护架顶部应悬挂彩旗，夜间应设置警示灯。

变压器防护示例如图 8-50 所示。

图 8-50　变压器防护

8.6.5 道路照明

（1）施工现场道路夜间照明充足，宜采用可再生能源。

道路照明实景图如图 8-51 所示。

（2）施工场区照明（镝灯架）

1）灯架由基础部分、标准节、平台和连接件组成，标准节截面尺寸 500mm×500mm，高 1800mm；

2）灯架应设接地装置，上下节做好跨接接地。

镝灯架实景图如图 8-52 所示。

图 8-51　道路照明实景图　　图 8-52　镝灯架实景图

8.7　消防设施

施工现场应设立符合规范要求的临时消防设施，施工现场应张挂防火宣传标识。

8.7.1　消防泵房

（1）材料：使用不燃材料支搭，列为重点防火部位，设立重点防火标识牌，建立防火管理制度和值班制度；

（2）消防泵宜设置自动启动装置，不应少于两台，互为备用，高度超过100m的在建工程，应增设临时中转水池及加压水泵，中转水池的有效容积不应少于10mm，出水管管径不应小于DN100；

（3）消防泵房应独立供电，消防配电线路应自施工现场总配电箱的总断路器上端接入，且应保持不间断供电；

（4）消防泵房应配置通信设备及启动流程图，配备应急照明灯。

消防泵房效果图如图8-53所示。

图8-53 消防泵房效果图

8.7.2 消防（火）栓

（1）消火栓间距不应大于100m，消防栓周边要设有防压、防占、维护措施；

（2）消防栓处均应配齐消防箱、消防水带、消防水枪，消防栓应配备警示标识，夜间设置警示灯；

（3）消防临时管线铺设应有防冻措施。

消防栓指示牌示例如图8-54所示，实景图如图8-55所示。

8.7.3 消防器材

施工现场应设置满足要求的灭火器材，在主要道路两侧醒目位置设置消防集中点。

图 8-54　消防栓指示牌

图 8-55　消防栓实景图

消防柜效果图如图 8-56 所示。

图 8-56　消防柜效果图

8.8　安全标识

8.8.1　安全标识

（1）安全标识牌应在施工现场的作业区、加工区、生活区等醒目位置设置，且满足数量和警示要求，不得将安全标识不分部位、集中悬挂；

（2）标识牌均采用镀锌铁板、PVC板或铝塑板制作，面层采用户外车贴；

（3）禁止标识牌、警告标识牌、指令标识牌尺寸均为300mm×400mm，消防安全提示标识牌尺寸为350mm×250mm；

（4）标识牌具体做法参照图示，文字字体为黑体字；

（5）不同类型标识牌同时设置时，应按警告、禁止、指令、提示的顺序，先左后右，先上后下的排列。

安全标识示例如图8-57所示。

图8-57 安全标识

（a）警告标识；（b）禁止标识；（c）指令标识；（d）安全通道

施工现场使用的安全标识示例如图8-58所示。

图 8-58　施工现场使用的安全标识

225

8.8.2 安全标语

（1）安全宣传条幅应悬挂在施工现场入口处，及外脚手架外立面等现场醒目位置，安全宣传单可张贴在施工现场进出口，及楼梯口等人流量较大的位置；

（2）项目现场悬挂标语数量不得少于 3 幅，地方政府有相关要求时，按地方政府要求执行，长度根据文字内容而定，宽度为 900mm。

安全标语示例如图 8-59 所示。

图 8-59 安全标语

8.8.3 平平安安标识

平平安安标识在安全理念宣传、临边防护、临电管理、机械防护、消防安全等现场位置悬挂。

8.8.4 安全文明警示标识

（1）安全警告宣传牌用于施工现场道路两侧或吊装、交叉作业等施工区域；

（2）材质：采用 5mm 铝塑板制作，面层采用户外车贴，尺寸为 1500mm×900mm。

安全文明警示标识牌示例如图 8-60 所示。

8.8.5 楼层提示牌

（1）结构内楼层安全提示牌底板采用 PVC 板，面层采用户外车贴制作；

图 8-60　安全文明警示标识牌

（2）楼层标识牌为长方形，尺寸为 400mm×400mm。

楼层提示牌示例如图 8-61 所示。

8.8.6　楼层安全警示标识

（1）应用于外用电梯、物料提升机、建筑结构内外等；

（2）底板采用 PVC 板，面层采用户外车贴制作，尺寸不小于 550mm×450mm；

图 8-61　楼层提示牌

（3）内容分为两部分，左侧为安全小提示，右侧为楼层号。

楼层安全警示标识示例如图 8-62 所示。

8.8.7　机械设备标识牌

悬挂于施工现场大中型机械设备上，尺寸为 200mm×150mm，采用镀锌铁板覆户外车贴。

机械设备标识牌示例如图 8-63 所示。

8.8.8　管理制度牌

施工现场按照规范要求悬挂管理制度牌，制度牌采用 PVC 板制作，尺寸为 500mm×400mm。

图 8-62　楼层安全警示标识

图 8-63　机械设备标识牌

管理制度牌示例如图 8-64 所示。

8.8.9　安全操作规程牌

（1）施工现场塔式起重机、施工升降机、物料提升机、中小型机械设备、临电作业等位置应悬挂相应安全操作规程牌；

（2）安全操作规程牌采用铝塑板制作，尺寸为 400mm×600mm。

安全操作规程牌示例如图 8-65 所示。

图 8-64 管理制度牌

图 8-65 安全操作规程牌

8.8.10 安全讲评台

（1）应设置于现场空旷位置，方便安全教育活动使用；

（2）图牌采用喷绘布制作，尺寸为 6000mm×2500mm。

229

安全讲评台效果图如图 8-66 所示。

图 8-66　安全讲评台效果图

8.8.11　项目部员工风采牌

（1）项目部员工风采牌应在项目进门处设置；

（2）项目部员工风采牌采用 PVC 板或铝塑板制作，面层采用户外车贴，尺寸为 4500mm×2000mm，尺寸可根据项目实际情况调整；

（3）项目部员工风采牌背景图片可更换，风采牌需增加员工照片。

项目部员工风采牌示例如图 8-67 所示。

图 8-67　项目部员工风采牌

8.8.12 安全生产、竣工倒计时牌

（1）安全生产、项目竣工倒计时牌固定于进入大门左侧；

（2）采用 PVC 板或铝塑板制作，面层采用户外车贴，天数每日更新；

（3）尺寸为 800mm×1200mm，可根据项目实际情况调整。

安全生产、竣工倒计时牌示例如图 8-68 所示。

安全生产计时牌
XXXXXXXXXXXX项目
安全生产无事故
第　　　天

安全生产倒计时牌
距离XXXXXXXXXXXXXX项目
工程竣工
还有　　　天

图 8-68　安全生产、竣工
倒计时牌

8.8.13 验收牌

（1）施工现场脚手架、起重机械、配电箱、防护棚等经过验收合格后，应悬挂验收牌；

（2）验收牌采用镀锌铁板板、PVC 板或铝塑板制作，面层采用户外车贴，尺寸为 500mm×400mm。

验收牌示例如图 8-69 所示。

_____验 收 牌	
总包单位	分包单位
负责人	负责人
联系电话	联系电话

图 8-69　验收牌

8.8.14 危险源公示牌

（1）公示牌中所涉及的危险源主要指《危险性较大的分部分项工程安全管理办法》中所规定的一些危险源，还包括项目部认定需要公示的其他危险源；

231

（2）公示周期可以是日、周、旬、月；

（3）公示牌采用铝塑板制作，面层采用户外车贴；

（4）危险源公示牌可设置在办公区、生活区、施工现场大门口，公示牌尺寸根据公示内容而定，不小于 2000mm×1500mm，红边宽度不小于 50mm。

危险源公示牌示例如图 8-70 所示。

图 8-70　危险源公示牌

8.9　楼面形象展示区

8.9.1　品牌布

（1）悬挂时间：楼面主体高度在 10 层以上，且不晚于主体结构的 2/3 高度；

（2）规格内容：品牌布为长方形 $80m^2$，标识和字体鲜明；

（3）制作：可用户外喷绘或用广告布按照企业标准制作；

（4）安装方式：采用背板形式安装，绷紧拉直。要求使用角钢或方管做支架，再覆铁皮、木板等制作。

8.9.2　企业文化宣传墙

（1）内容：深度融合企业文化的内容，充分展示企业实力与品牌形象；

（2）位置：施工现场或办公区显要位置；

（3）高度：2.5～3m，下方距地面 0.3m。

8.9.3　安全文明施工宣传长廊

在主要人行通道两侧设置安全文明施工宣传长廊，高度不低于 2m，内容以安全规章制度、"安全生产十项禁令"为主，并进行拓展，充分展示企业安全管理要求，增强人员安全意识。

安全文明施工宣传长廊示例如图 8-71 所示。

图 8-71　安全文明施工宣传长廊

8.9.4　项目特色宣传内容

可根据项目的特色做出个性化的宣传内容，但整体风格要符合企业文化的要求。

8.9.5　其他形象展示

施工现场大型机械设备进场前应进行外表面刷新处理，按要求张贴企业标识，其他较小型机械设备可不做形象宣传。

8.9.6　彩旗

（1）彩旗形式：竖式尺寸为 50cm×85cm，五种颜色（红、黄、蓝、白、绿）；

　（2）使用场合：各种开、竣工仪式，重要公关活动；

　（3）彩旗为刀形旗，旗面一般不印刷企业标识。

8.9.7　宣传栏

　放置于施工现场显著位置，使用不锈钢边框。

　宣传栏示例如图 8-72 所示。

图 8-72　宣传栏

8.9.8　温馨提示牌

　放置于施工现场显著位置，使用不锈钢边框。

　温馨提示牌示例如图 8-73 所示。

图 8-73　温馨提示牌

8.10 临时设施

8.10.1 木工加工棚

（1）采用封闭式木工加工棚，独立设置，应采用 A 级不燃材料搭设，设防爆灯具，并列为重点防火部位；

（2）门楣喷涂警示标语和加工棚名称；

（3）门侧挂平平安安提示牌，设置重点防火标识牌及防火管理制度，并配备足够的灭火器材。

加工棚制度牌示例如图 8-74 所示。

木工棚实景图及 CI 效果图分别如图 8-75、图 8-76 所示。

图 8-74　加工棚制度牌

图 8-75　木工棚实景图

8.10.2 危险品库房

（1）易燃、易爆等化学危险品库房应单独设置，与其他房屋

235

图 8-76　木工棚 CI 效果图

有 20m 以上的安全距离;

(2) 危险品库房尺寸应满足施工现场各种危险品存放最小间距要求;

(3) 易燃易爆、化学危险品的库房应分类专库储存,库房内应通风良好,并应设置严禁明火标志。库房内照明灯开关应在室外,且使用防爆灯具(罩);

(4) 悬挂管理制度及责任人标牌。

危险化学品库房及防爆灯示例如图 8-77 所示。

(a)　　　　　　　　　　(b)

图 8-77　危险化学品库房及防爆灯

(a) 危险化学品库房; (b) 防爆灯

8.10.3 茶烟亭

现场应设置单独房间作为茶烟亭，方便施工人员施工过程中休息、吸烟使用，亭内设水桶和灭火器，内外可布置安全宣传图画，顶部采取防雨、防砸措施。

茶烟亭示例如图 8-78 所示。

图 8-78　茶烟亭

8.10.4 移动式厕所

（1）建筑物楼层高度超过 50m 或层数超过 20 层时，应在楼层内每隔 10 层设置一处移动式厕所；

（2）移动式厕所骨架采用 40 角钢焊接，四周用压型钢板封闭，厕所围挡尺寸长宽高不小于 2m×1.5m×1.8m；

图 8-79　移动式厕所

（3）移动式厕所门口要张挂移动厕所卫生管理制度标牌，尺寸为 400mm×600mm，采用 PVC 板制作；

（4）移动式厕所每天要安排专人负责清理，保证现场环境卫生。

移动式厕所示例如图 8-79 所示。

8.10.5 现场垃圾站

（1）施工现场应设封闭式垃圾站；

（2）施工垃圾、生活垃圾及有毒有害废弃物应分类存放，及时清运消纳；

（3）悬挂管理制度及责任人标牌。

现场垃圾站设置示例如图 8-80 所示。

图 8-80　现场垃圾站

8.11　样板展示、成品保护

8.11.1　钢筋加工样板

（1）墙体钢筋定位梯子筋重点展示梯子筋型号、纵筋及横撑筋间距、兼作顶模棍的横撑钢筋长度；

（2）钢筋箍筋加工重点展示箍筋的尺寸、弯曲半径、弯钩角度、平直段长度。剪力墙钢筋绑扎样板重点展示竖向钢筋位置及间距、钢筋清理、主筋接头及搭接长度、起步筋、箍筋间距及加密区。

钢筋加工样板示例如图 8-81 所示。

8.11.2　墙、柱模板展示

重点展示模板根部处理、对拉螺栓间距、型号及安装、背楞、固定措施、板面垂直度、阴阳角及拼缝、构件尺寸、洞口模板及支撑刚度。

墙、柱模板样板展示示例如图 8-82 所示。

8.11.3　墙砌筑抹灰样板

重点展示构造柱、墙拉筋、梁底斜砌、门窗洞口构造、灰

图 8-81 钢筋加工样板

图 8-82 墙、柱模板样板

缝、机电预留预埋。

墙砌筑样板展示示例如图 8-83 所示。

墙抹灰样板展示示例如图 8-84 所示。

8.11.4 成品保护

（1）混凝土楼面、柱、楼梯踏步的混凝土浇筑后，应做好成品保护；

（2）梁板混凝土浇筑前，应铺架板马道。

成品保护实景如图 8-85 所示。

图 8-83 墙砌筑样板

图 8-84 墙抹灰样板

图 8-85 成品保护实景图

第9章 施工现场办公区标准化管理

9.1 办公楼

9.1.1 外部形象

（1）材料：采用防火等级为 A 级的彩钢板活动房、集装箱式活动房、混凝土盒子房，铝合金门、窗可保持本色，普通材质的门、门框、窗框、窗扇内外均为企业统一颜色，护栏、楼梯扶手刷企业统一颜色，门、窗保护纸应清除；

（2）房檐、房顶刷企业统一颜色；

（3）企业文化及安全专用标语等相关内容按照企业统一规定执行。

9.1.2 侧面山墙

一般设置企业统一 LOGO，突出企业形象，不出现商家广告和电话。

9.1.3 办公室设置

（1）模块化箱式拼装办公用房，根据项目规划确定选型，每两个箱体拼成一个单元；

（2）于办公区正面顶部设置专用标语，规格根据办公区正面宽度确定，材质为方钢、喷绘布、背面白铁皮，加斜撑，正门雨棚上方正立面安装企业统一标识，标识高、宽、字高以及标识与字间距均按企业统一规定；

（3）临建房二层左右两侧墙上居中设置企业标识，标识高、宽、字高以及标识与字间距均按照企业统一规定。

办公楼效果图如图 9-1 所示。

图 9-1　办公室效果图

9.1.4　项目部铭牌

（1）材质：不锈钢拉丝板；

（2）形式：按照企业文化选用统一的模式；

（3）尺寸：企业统一规定；

（4）位置：悬挂在项目部办公区大门门柱上或会议室门口右边。

项目部铭牌示例如图 9-2 所示。

企 业 名 称

项 目 部

图 9-2　项目部铭牌

9.1.5　门牌

（1）材质：不锈钢拉丝板；

（2）尺寸：企业统一规定；

（3）颜色：企业统一规定；

242

（4）位置：统一高度，正面贴于门正上方。

9.1.6　宣传图牌

（1）材质：户外写真覆 5mm 发泡板或其他材质；

（2）尺寸：企业统一规定，也可根据实际情况统一制作；

（3）内容：《企业行为规范》、安全教育等内容；

（4）位置：统一高度，正面贴于门右侧上方；

（5）业主、监理、分包单位不使用。

9.1.7　飘扬旗

（1）位置：旗杆立于现场项目部办公区进门中心位置，施工区根据情况亦可设立；

（2）旗台台面：企业统一规定；

（3）旗杆：旗台后面竖立三根旗杆，旗杆为不锈钢，中央为国旗，左右两侧为公司旗；

（4）《企业文化》内品牌墙：在旗座后面安装，下方离地面30cm，可加底座。

9.1.8　会议室

（1）墙面、顶棚：为企业统一颜色，地面为地板或瓷砖；

（2）窗帘：为企业统一颜色；

（3）高档长方形会议桌：干净整洁，两侧摆放桌旗（国旗与公司旗）；

（4）主墙：摆放《企业文化》图牌，尺寸可根据会议室尺寸适当调整，标题、内容、字体按照企业统一规定，相框材质为亚克力板或其他；

（5）次主墙体：悬挂企业标识，尺寸依据会议室尺寸而定，材料采用双色板或亚克力雕刻字，厚度一般为 1cm，两边竖立落地旗，分别为国旗和公司旗；

（6）两侧墙体：分别悬挂公司工程代表作品、本工程效果图，相框材质为亚克力板，尺寸高度统一按企业规定，根据会议室尺寸也可适当调整，保证美观协调；

（7）会议室严禁悬挂工作制度牌、流程图等；

（8）桌签：按企业标准格式制作。

9.1.9 项目经理办公室

（1）墙面、顶棚：企业统一颜色，地面为地板或瓷砖；

（2）窗帘：企业统一颜色；

（3）高档长方形办公桌：干净整洁，摆放桌旗（国旗与公司旗）；

（4）图牌：统一高度悬挂于办公桌对面墙上，可悬挂《企业文化》、《项目经理岗位职责》，图牌宽高按企业统一规定，相框材质为亚克力板，示例如图 9-3 所示。

图 9-3 项目经理办公室图牌

9.1.10 项目党支部书记办公室

（1）墙面、顶棚：企业统一颜色，地面为地板或瓷砖；

（2）窗帘：企业统一颜色；

（3）高档长方形办公桌：干净整洁，摆放桌旗（党旗与公

244

司旗）；

（4）图牌：统一高度悬挂于办公桌对面墙上，可悬挂《企业文化》、《项目党支部书记岗位职责》，图牌宽高按企业统一规定，相框材质为亚克力板，形式与项目经理图牌相同。

9.1.11 管理人员办公室

（1）墙面、顶棚：企业统一颜色；

（2）地面：木地板或瓷砖；

（3）窗帘：企业统一颜色；

（4）办公桌：企业统一规定；

（5）图牌：墙面悬挂相关责任制图牌，图牌尺寸按照企业统一规定，示例如图9-4所示。

图9-4　管理人员办公室
责任制图牌

9.2　功能性房间

9.2.1　项目部食堂

（1）食堂必须办理《餐饮服务许可证》、《卫生许可证》，并在显著位置张挂；

（2）食堂应分设操作间、熟食间和储物间，必须采用砌砖厨房，与宿舍间距离不小于5m；

（3）采用活动彩钢板房，外墙粉刷按照企业统一规定；

（4）内墙颜色按照企业统一规定，悬挂《食堂管理制度》、《食堂工作人员管理制度》、《健康证》、《餐饮服务许可证》、《卫生许可证》、食品安全宣传画等内容，管理制度图牌尺寸按照企业统一规定，示例如图9-5所示；

（5）内部配备标准的餐桌及餐椅；

图 9-5　项目部食堂管理制度牌

（6）内灶台、工作台：铺贴白瓷片，地面铺白色地砖，保证排水良好；

（7）厨师着白色厨师服、白色厨师帽、白色口罩；

（8）门牌材质为不锈钢拉丝板，尺寸按照企业统一规定，一般不使用企业标识，示例如图 9-6 所示；

（9）食堂导向牌材质采用户外写真覆 5mm 发泡板、PVC板或铝塑板等制作，尺寸按照企业统一规定，示例如图 9-7所示。

食　堂

图 9-6　项目部食堂门牌

图 9-7　项目部食堂导向牌

（10）食堂工作人员应持有效的《健康证》，《健康证》复印件必须张贴于显著位置。

9.2.2　卫生间

（1）外墙：张贴管理制度，图牌尺寸按照企业统一规定，制度牌一般不使用带标识的落款，示例如图 9-8 所示；

（2）设施：墙壁、屋顶封闭严密，门窗齐全并通风良好，设置洗手设施，墙面、地面应耐冲洗，厕位之间设隔板，高度不低于900mm；

（3）门牌：尺寸按照企业统一规定，一般不使用企业标识，示例如图9-9所示；

（4）厕所导向牌：材质采用户外写真覆5mm发泡板、PVC板或铝塑板等制作，尺寸按照企业统一规定，示例如图9-10所示。

图9-8 卫生间管理制度牌

图9-9 厕所门牌　　　　　　　图9-10 厕所导向牌

9.3 人员着装形象

9.3.1 管理人员着装形象

管理人员服装一般分为春秋装、夏装、现场工装、冬大衣、工作鞋及其他配饰，管理人员要按照规定着装，将衬衣、T恤扎进腰带，全季节着装。

9.3.2 现场工人着装

现场工人一般春秋季穿施工专用背心，夏季穿文化衫。

9.3.3 安全帽

（1）企业标识：在安全帽前方正中粘贴企业标识，标识尺寸按照企业规定；

（2）红色安全帽：上级领导、外来检查人员和安全员使用；

（3）白色安全帽（总包管理人员）：项目管理人员使用，以A开头，如 A-001、A-002……依次后排；

（4）白色安全帽（分包管理人员）：根据不同队伍，编号原则从 B 开头，如 B-001、B-002……，C-001、C-002……，D-001、D-002……，在两侧分别给予编号；

（5）黄色安全帽：工人使用，编号原则从 B 开头，与每支分包队伍相对应；

（6）蓝色安全帽：特种作业操作人员使用，编号原则从 B 开头，与每支分包队伍相对应。

9.3.4　胸卡

（1）材质：企业统一规定，管理人员卡芯可采用 PVC，施工工人卡芯可使用 210g 铜版纸；

（2）尺寸：企业统一规定；

（3）标准组合：一般采用"标识＋企业名称"式样组合；

（4）胸卡带（项目管理人员）：企业统一规定；

（5）胸卡照片：标准 CI 服装正面照片。

9.3.5　名片

材质、规格、形式按照企业统一规定。

第 10 章 施工现场生活区标准化管理

10.1 场地

10.1.1 场地布置

（1）生活区与施工区应明确划分，实施封闭管理；

（2）生活区环境优美，卫生条件良好。

生活区实景图如图 10-1 所示。

图 10-1 生活区实景图

10.1.2 宿舍大门

（1）应设置大门和门卫室，具体样式参考施工区相关要求；

（2）宿舍导向牌：应设有专用导向牌标明"宿舍区"，材质及尺寸按照企业统一规定。

10.1.3 生活区设置

（1）生活区临建用房的建筑层数不应超过 3 层，会议室、文化娱乐室等人员密集的房间应设置在第一层；

（2）食堂制作间、锅炉房等应采用单层建筑，宿舍、办公用房不应与食堂制作间、锅炉房等组合建造，且应保持不小于5m的安全距离；

（3）生活区内应提供晾晒衣物的场地，场地硬化，保证美观；

（4）生活区应设置应急疏散通道、逃生指示标识和应急照明灯，示例如图10-2所示；

（5）宿舍设置空调供夏季防暑降温、冬季施工取暖，供电线路单独设置，示例如图10-3所示；

图10-2　应急照明灯和逃生指示标识

（6）设置手机充电柜，充电柜存放于房间内，示例如图10-4所示；

图10-3　空调设置　　　　　图10-4　手机充电柜

（7）设置太阳能热水器，提供现场生活热水；

（8）生活区多层设置时，每层（一层和二层）安全通道下方，每隔两跨应增设一道支撑，支撑上下延续。

10.1.4 宿舍楼

（1）采用防火等级为 A 级的彩钢板活动房或现场原有房屋作为宿舍；

（2）整体形象参照办公楼；住宿人均面积不应小于 2.5m^2，且不得超过 16 人；

（3）宿舍区制作关爱务工人员的口号、图牌，内容以传统的安全教育口号为主，如："高高兴兴上班去　安安全全回家来"、"绿色建造 环境和谐为本　生命至上 安全运营第一"、"质量是企业的生命　安全是生命的保证"、"安全第一 预防为主 综合治理"；

（4）侧面山墙可统一制作、悬挂高度一致的企业标识，每栋宿舍楼山墙统一编号 A、B、C、D、E、F……；

（5）临街墙面制作标语；

（6）门牌：门上均设置门牌，室内采用上下床铺；

（7）宿舍外墙张贴《文明宿舍管理制度》，侧面山墙张贴《生活区管理制度》、《生活区消防防火管理制度》等图牌，尺寸按照企业统一规定，采用户外写真覆 5mm 发泡板或其他经济耐用材质制作，示例如图 10-5 所示。

图 10-5　宿舍外墙管理制度牌

10.2 功能性房间

10.2.1 宿舍区食堂

（1）外墙：按照企业统一规定；

（2）内墙：颜色一般为白色，悬挂《责任制》、《卫生须知》、《食堂管理制度》、《健康证》、《餐饮服务许可证》、《卫生许可证》等内容，示例如图 10-6 所示；

图 10-6　管理制度牌

（3）食堂必须办理《餐饮服务许可证》、《卫生许可证》，并在显著位置张挂；

（4）食堂应分设操作间、熟食间和储物间，必须采用砌砖厨房，与宿舍间距离不小于 5m；

（5）餐桌餐椅：内部配备标准的白色餐桌及蓝色餐椅；

（6）内灶台、工作台：铺贴白瓷片，地面铺白色地砖，保证排水良好；

（7）人员着装：白色厨师服、白色厨师帽、白色口罩；

（8）门牌：材质可采用不锈钢拉丝板，尺寸为企业统一规定，一般不使用企业标识；

（9）排队窗口：由于就餐人员多，可设置多个窗口，并编号 A、B、C、D、E……，窗口之间留出合适的距离，窗口上方制作勤俭节约类的标语，如："谁知盘中餐　粒粒皆辛苦"、"以节约为荣　以浪费为耻"等；

（10）食堂工作人员应持有效的《健康证》，《健康证》复印件必须张贴于显著位置；

（11）食堂导向牌：材质、尺寸按照企业统一规定，示例如图10-7所示。

图10-7　食堂导向牌

10.2.2　卫生间/浴室

（1）外观要求同彩钢板活动房，内墙及地面应粘贴瓷砖，应有冲水设备，蹲位设置不低于0.9m的隔板，外墙张贴管理制度，制度牌一般不使用带标识的落款，示例如图10-8所示；

图10-8　管理制度牌

（2）厕所导向牌：材质、尺寸按照企业统一规定，示例如图10-9所示；

（3）门牌：尺寸、材质按照企业统一规定，一般不使用企业标识，示例如图10-10所示。

图10-9　厕所导向牌

图10-10　厕所门牌

253

参 考 文 献

[1] 中华人民共和国住房和城乡建设部. 型钢水泥土搅拌墙技术规程 JGJ/T 199—2010 [S]. 北京：中国建筑工业出版社，2010.

[2] 王云江. 型钢水泥土搅拌墙（SMW 工法）施工与管理 [M]. 北京：中国建筑工业出版社，2012.

[3] 中华人民共和国住房和城乡建设部. 地下建筑工程逆作法技术规程 JGJ 165—2010 [S]. 北京：中国建筑工业出版社，2011.

[4] 王允恭. 逆作法设计施工与实例 [M]. 北京：中国建筑工业出版社，2012.

[5] 上海市住房和城乡建设管理委员会. 逆作法施工技术规程 DG/TJ 08—2113—2012 [S]. 2012.

[6] 河北省住房和城乡建设厅. 混凝土芯水泥土组合桩复合地基技术规程 DB13（J）50—2005 [S]. 北京：中国建材工业出版社，2005.

[7] 王恩远，吴迈. 实用地基处理 [M]. 北京：中国建筑工业出版社，2014.

[8] 丁大钧. 高性能混凝土及其在工程中的应用 [M]. 北京：机械工业出版社，2007.

[9] 全国高强钢筋推广应用生产技术指导组. 高强钢筋生产技术指南 [M]. 北京：冶金工业出版社，2013.

[10] 住房和城乡建设部标准定额. 高强钢筋应用技术指南 [M]. 北京：中国建筑工业出版社，2013.

[11] 住房和城乡建设部标准定额司. 高性能混凝土应用技术指南 [M]. 北京：中国建筑工业出版社，2014.

[12] 济南市城乡建设委员会建筑产业化领导小组办公室. 装配整体式混凝土结构工程施工 [M]. 北京：中国建筑工业出版社，2015.

[13] 中华人民共和国住房和城乡建设部. 装配式混凝土结构技术规程 JGJ 1—2014 [S]. 北京：中国建筑工业出版社，2014.

[14] 山东省住房和城乡建设厅. 保温装饰板外墙外保温系统应用技术规程 DBJT 14—072—2010 [S]. 2011.

[15] 邢贞辉. 外墙面保温装饰一体化系统施工质量控制 [J]. 江苏建筑. 2012，6：61-74.

[16] 肖绪文. 建筑工程绿色施工 [M]. 北京：中国建筑工业出版社，2013.

[17] 何关培. BIM 总论 [M]. 北京：中国建筑工业出版社，2011.

[18] 中国建筑材料规划研究院. 绿色建筑材料 [M]. 北京：中国建材工业出版社，2010.

[19] 肖绪文等. 建筑工程绿色施工 [M]. 北京：中国建筑工业出版社，2013.

[20] 许鹏等. 美国建筑节能研究总览 [M]. 北京：中国建筑工业出版社，2012.

[21] 白润波，孙勇. 绿色建筑节能技术与实例 [M]. 北京：化学工业出版社，2012.

[22] 李红芳，秦付良. 新编建筑施工现场标志牌 [M]. 北京：化学工业出版社，2014.

[23] 中华人民共和国住房和城乡建设部. 建筑工程绿色施工评价标准 GB/T 50640—2010 [S]. 北京：中国计划出版社，2011.

[24] 中华人民共和国住房和城乡建设部. 建设工程施工现场消防安全技术规范 GB 50720—2011 [S]. 北京：中国计划出版社，2011.

[25] 中华人民共和国住房和城乡建设部. 建筑工程绿色施工规范 GB/T 50905—2014 [S]. 北京：中国建筑工业出版社，2014.

[26] 中国建筑科学研究院. 绿色建筑技术导则 [S]. 2015.

[27] 中华人民共和国住房和城乡建设部. 建设工程项目管理规范 GB/T 50326—2006 [S]. 北京：中国建筑工业出版社，2006.

[28] 中华人民共和国住房和城乡建设部. 建筑节能工程施工质量验收规范 GB 50411—2007 [S]. 北京：中国建筑工业出版社，2007.

[29] 中华人民共和国国家质量监督检验检疫总局. 污水排入城镇下水道水质标准 GB/T 31962—2015 [S]. 北京：中国标准出版社，2016.

[30] 中华人民共和国住房和城乡建设部. 工程施工废弃物再生利用技术规范 GB/T 50743—2012 [S]. 北京：中国计划出版社，2012.

[31] 中华人民共和国环境保护部. 建筑施工场界环境噪声排放标准 GB 12523—2011 [S]. 北京：中国环境科学出版社，2012.

[32] 中华人民共和国环境保护部. 防治城市扬尘污染技术规范 HJ/T 393—2007 [S]. 北京：中国环境科学出版社，2008.